手串

鉴定与选购
从新手到行家

王宇·编著

文化发展出版社
Cultural Development Press

本书要点速查导读

01 子实类手串的鉴别与选购

星月菩提手串的鉴别与选购 / 13～16

金刚菩提手串的鉴别与选购 / 19～24

凤眼菩提手串的鉴别与选购 / 27～29

莲花菩提手串的鉴别与选购 / 33～34

橄榄核手串的鉴别与选购 / 38～42

02 木质手串的鉴别与选购

紫檀手串的鉴别与选购 / 46～50

黄花梨手串的鉴别与选购 / 53～56

金丝楠手串的鉴别与选购 / 59～62

沉香手串的鉴别与选购 / 65～68

03 玉石类手串的鉴别与选购

翡翠手串的鉴别与选购 / 73～76

和田玉手串的鉴别与选购 / 78～83

碧玺手串的鉴别与选购 / 86～90

南红手串的鉴别与选购 / 93～97

绿松石手串的鉴别与选购 / 101～104

琥珀蜜蜡手串的鉴别与选购 / 107～110

红珊瑚手串的鉴别与选购 / 113～116

砗磲手串的鉴别与选购 / 119～123

青金石手串的鉴别与选购 / 125～128

水晶手串的鉴别与选购 / 131～134

新手

行家

06 手串答疑解惑

目前市场上最具投资价值的手串有哪些品种？ / 176～177
菩提手串不同颗数代表什么意义？ / 178～179
黄花梨手串需要上蜡吗？ / 180
手串珠所雕刻的寓意有什么说法？ / 181
不同天珠的功用有什么不同？ / 182
木质手串到底先看重量还是先看颜色？ / 183～184
手串到底戴左手还是戴右手？ / 185
木质手串香味都一样吗？ / 188～189

05 手串的选购及收藏指南

手串的市场行情如何 / 158～159
去哪儿淘手串？ / 160～161
手串选购要诀 / 162～163
手串收藏的四大误区 / 164～165
什么样的手串值得投资？ / 166～167

04 其他类手串的鉴别与选购

朱砂手串的鉴别与选购 / 137～140
天珠手串的鉴别与选购 / 143～147
老琉璃手串的鉴别与选购 / 149～151

前言

时下,手串市场非常红火,这不单单是时尚,更意味着收藏与升值的加温。因此,那些懂得生活情趣,有一些理财意识的人,都开始从好看、好玩又赚钱的角度来解读并购买手串了。

当然,就算不为了升值,也要买个实惠,戴个开心。如果每个人都能在了解一些手串专业知识的基础上,轻松驾驭手串材质、类型以及意义、内涵,那就玩得有点意思了。

有人说,想要轻松驾驭市场各类手串,可没那么容易。诚然,了解手串不容易,选购也不那么简单。个别串友,从心里爱惜自己的手串,却最终因为错误的存放与保养,将一串名贵的手串玩"毁"了。那种得而复失的心理落差,那份不可重来一遍的懊悔,也许只有经历过的人才能明了。

所以翻开这本书吧,因为这就是一本专为手串爱好者打造的入门图书,全书主要分成三个部分,一是不同类型手串的挑选、辨别与把玩、保存;二是手串淘宝实战经验分享,手把手教你选购手串的秘诀;最后一部分则告诉你,关于你所关心的那些手串问题,专家为你一一解疑答惑。书中有图片细解，更有案例分析，同样也有专业的理论知识。想要学习手串、认知手串内涵、把握手串价值走向，它都能给你正确的参考。

如此一本将高端、精深手串知识，深入浅出讲解开来的书，真正做到趣味、通俗、专业的同时，更能真正让你成为识串、辨串、购串、玩串达人。也许，我们看重的并不是手串本身的价值，但那些赋予手串的精神、时间、喜悦甚至是心情，都是不可取代的玩串精华。为此，我们说手串是有生命的，当我们学会了如何去选购它、玩好它的时候，也就在手串中找到了自己想要的境界。

所以，作为热爱手串，又痴迷于手串收藏的您，不妨找个闲暇的午后，沏一杯香茗，熏一盏浅香，捧起这本专业却又趣味兼备的手串书籍。相信，随着你对书籍的深入阅读，你将很快走出手串知识的欠缺。也许有一天，你就能像专家一样，跻身于串友圈中，高谈手串一二三。

目录

基础入门篇
手串的分类、鉴定与选购

星月菩提：众星捧月 ……… 12
- 星月菩提的鉴别 …………… 13
- 星月菩提手串的选购 ……… 14
- 保养与盘玩 ………………… 16

金刚菩提：金刚罗汉 ……… 18
- 金刚菩提的鉴别 …………… 19
- 金刚菩提手串的选购 ……… 21
- 保养与盘玩 ………………… 24

凤眼菩提：慧眼观清净 …… 26
- 凤眼菩提的鉴别 …………… 27
- 凤眼菩提手串的选购 ……… 28
- 保养与盘玩 ………………… 30

莲花菩提：花开见佛 ……… 32
- 莲花菩提的鉴别 …………… 33
- 莲花菩提手串的选购 ……… 34
- 保养与盘玩 ………………… 36

橄榄核：小巧玲珑 ………… 37
- 橄榄核雕的鉴别 …………… 38
- 橄榄核手串的选购 ………… 41
- 保养与盘玩 ………………… 43

紫檀：帝王之木 …………… 45
- 紫檀的鉴别 ………………… 46
- 紫檀手串的选购 …………… 48
- 保养与盘玩 ………………… 50

黄花梨：木中黄金 ………… 52
- 黄花梨的鉴别 ……………… 53
- 黄花梨手串的选购 ………… 55
- 保养与盘玩 ………………… 56

金丝楠：寸木寸金 ………… 58
- 金丝楠的鉴别 ……………… 59
- 金丝楠手串的选购 ………… 61
- 保养与盘玩 ………………… 62

沉香：木中钻石 ………………… 64
　● 沉香的鉴别 ………………… 65
　● 沉香手串的选购 …………… 67
　● 保养与盘玩 ………………… 69

翡翠：玉中之王 ………………… 72
　● 翡翠手串的鉴别 …………… 73
　● 翡翠手串的选购 …………… 74
　● 盘玩与保养 ………………… 76

和田玉：温润君子之魂 ………… 78
　● 和田玉手串的鉴别 ………… 78
　● 和田玉手串的选购 ………… 80
　● 盘玩与保养 ………………… 84

碧玺：落入人间的彩虹 ………… 86
　● 碧玺的鉴别 ………………… 86
　● 碧玺手串的选购 …………… 88
　● 保养与盘玩 ………………… 90

南红：长寿之石 ………………… 92
　● 南红的鉴别 ………………… 93
　● 南红手串的选购 …………… 95
　● 保养与盘玩 ………………… 97

绿松石：吉祥成功之石 ………… 100
　● 绿松石的鉴别 ……………… 101
　● 绿松石手串的选购 ………… 102
　● 保养与盘玩 ………………… 104

琥珀蜜蜡：波罗的海黄金 ……… 106
　● 琥珀蜜蜡的鉴别 …………… 107
　● 琥珀蜜蜡手串的选购 ……… 109
　● 保养与盘玩 ………………… 110

红珊瑚：千年灵物 ……………… 112
　● 红珊瑚的鉴别 ……………… 113
　● 红珊瑚手串的选购 ………… 115
　● 保养与盘玩 ………………… 116

砗磲：佛教七宝之首 …………… 118
　● 砗磲的鉴别 ………………… 119
　● 砗磲手串的选购 …………… 122
　● 保养与盘玩 ………………… 123

青金石：帝王蓝瑰宝 …………… 124
　● 青金石的鉴别 ……………… 125
　● 青金石手串的选购 ………… 127
　● 保养与盘玩 ………………… 128

目录

水晶：大地万物的精华 …… 130
- ◎ 水晶的鉴别 …… 131
- ◎ 水晶手串的选购 …… 133
- ◎ 保养与盘玩 …… 134

朱砂：辟邪圣品 …… 136
- ◎ 朱砂的鉴别 …… 137
- ◎ 朱砂手串的选购 …… 139
- ◎ 保养与盘玩 …… 140

天珠：天神流落人间的宝珠 142
- ◎ 天珠的鉴别 …… 143
- ◎ 天珠手串的选购 …… 146
- ◎ 保养与盘玩 …… 147

老琉璃：中国五大名器之一 148
- ◎ 琉璃的鉴别 …… 149
- ◎ 琉璃手串的选购 …… 150
- ◎ 保养与盘玩 …… 152

淘宝实战篇

手串的投资、购买要点

手串的价值评价 …… 156

手串的市场行情 …… 158

手串的淘宝地 …… 160

手串的选购秘诀 …… 162
- ◎ 材质永远是主题之一 …… 162
- ◎ 升值空间很重要 …… 163
- ◎ 大小不能忽略 …… 163
- ◎ 工艺决定品质 …… 163
- ◎ 味道是个人标识 …… 163

手串的收藏误区 …… 164
- ◎ 跟风行为要不得 …… 164
- ◎ 高投入高回报 …… 165
- ◎ 谨慎对待收藏 …… 165
- ◎ 不要总抱捡漏心理 …… 165

手串的投资 ………………… 166

- 真品 …………………… 167
- 精品 …………………… 167
- 稀有品 ………………… 167

淘宝实例分享 ……………… 168

- 案例一 ………………… 168
- 案例二 ………………… 171
- 案例三 ………………… 172

专家答疑篇

解答串友最关心的手串问题

一、目前市场上最具投资价值的手串有哪些品种？………………… 176

二、菩提手串不同颗数代表什么意义？………………………………… 178

三、黄花梨手串需要上蜡吗？……………………………………………… 180

四、手串珠所雕刻的寓意有什么说法？………………………………… 181

五、不同天珠的功用有什么不同？……………………………………… 182

六、木质手串到底先看重量还是先看颜色？…………………………… 183

七、手串到底戴左手还是戴右手？……………………………………… 185

八、手串的养生功效有哪些？……………………………………………… 186

九、木质手串香味都一样吗？……………………………………………… 188

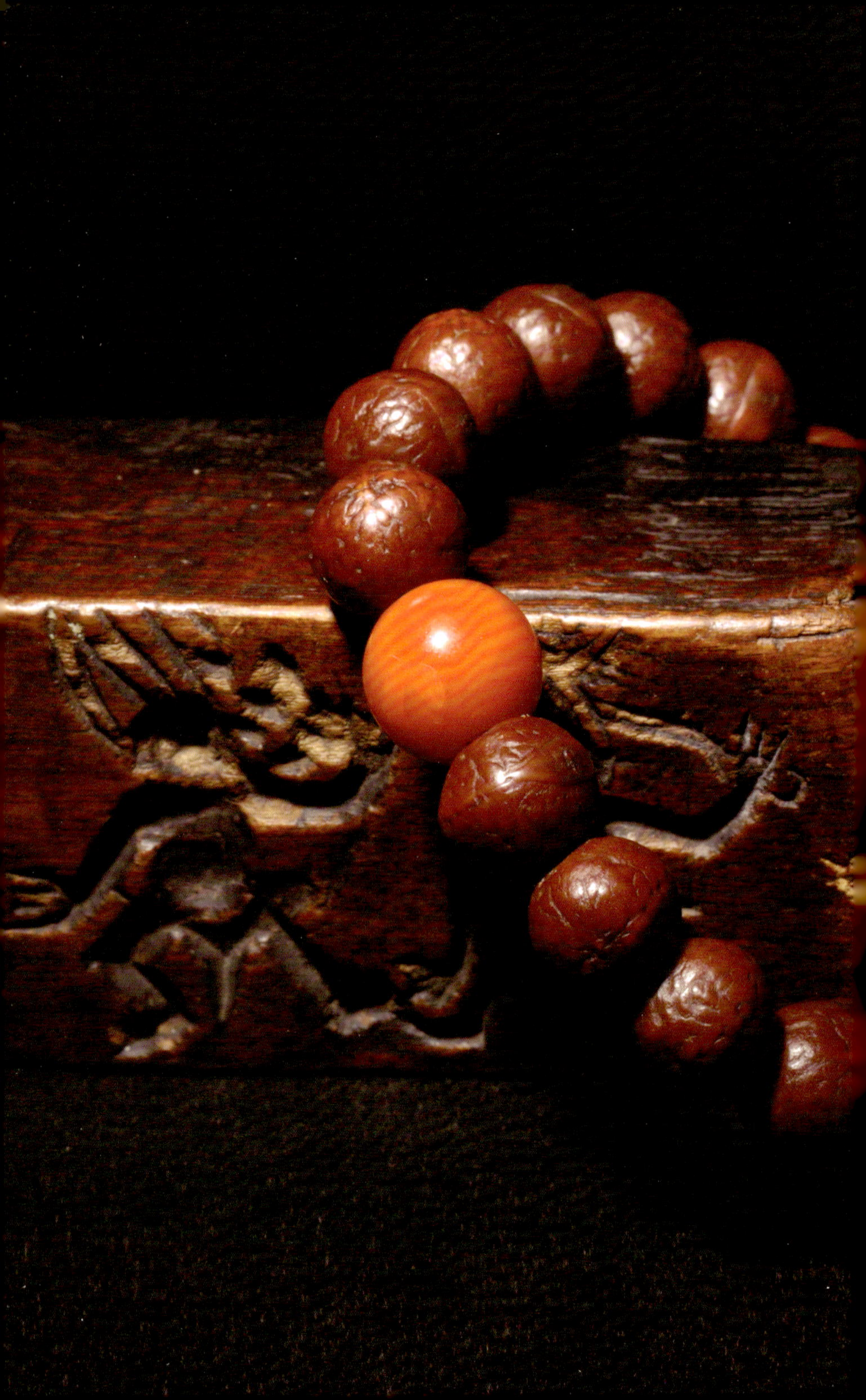

基础入门篇

手 串 的 分 类 、 鉴 定 与 选 购

近些年,手串成为了人们的新宠,不论男女,几乎人手一串,甚至多串。而市场上的手串种类多种多样,在林林总总的手串中,哪一串是你想要的,又有哪一类是适合你的呢?相信有太多人对此都有疑问。不过,这些问题用一两句话很难说清,需要从手串的分类、鉴定与选购多个方面来进行综合性的衡量。所谓爱好者就是半个行家,当你喜爱上手串的时候,不妨从专业的角度来探讨一下自己心仪之物的来龙去脉,不但可以提升爱好品位,又能增加对入手之物的了解。

星月菩提：众星捧月

星月菩提是最常见的手串种类之一，它不但有一个美丽又充满禅意的名字，更有着漂亮匀称的珠形。星月菩提外形素雅，白中带有匀称分布的黑点，中间生有一个下陷式圆圈，就如同密布的群星围绕着中间的一轮圆月，呈众星捧月之势，故而命名为星月菩提。

一串包浆莹润、上色均匀的老星月菩提串珠

未经盘玩的星月菩提手串

正月

无月

弦月

◎ 星月菩提的鉴别

星月菩提是选用黄藤的种子做成的。通常,在黄藤果实成熟之后,采摘下来用锤子轻轻敲打,去掉外面包裹的皮肉,然后将种子泡在水中,清除果肉外的胶质层,清洗干净之后,阴干放置。干透之后,才能打磨成制作手串的珠粒。

鉴别星月菩提比较简单,根据以下几个方面,就能辨别出星月菩提的真假、优劣。

1.黄藤种子比较瓷实,质地较硬,其树脂含量很高,油性比较大,通常时间越久,外表就越油亮。如果是其他类种子或者塑料假品,则不会有星月菩提的油性与质感。

2.星月菩提上的下陷圆圈又被称为星月菩提上的"月",对于达到一定的年份或者是盘玩之后的星月菩提来说,会有自然

挑选菩提子要选择压手，厚重的籽儿。

开片。一般假的或者仿品是不可能出现这种情况的，即使做出来的开片，也不自然，比较好分辨。星月菩提的"月"有"正月""弦月"和"无月"之分，"正月"即代表月亮的小坑处于珠子的正中位置。"弦月"表示代表月亮的小坑处于珠子偏上或者偏下的位置。"无月"则表示没有代表月亮的小坑。从品相上来看"正月"的星月菩提更好，也更得广大串友的喜爱。

3. 在挑选菩提子时还要注重色泽。优质的星月菩提呈现自然的奶白色或浅米黄光泽。颜色惨白的菩提要注意是否是漂白过的。

4. 掂一下菩提的重量，菩提子本身是很饱满的，只有实心的、密度相对较大的，才是成熟后摘下的菩提子；如果密度不高，又有空心，那就是不成熟时就被摘下的菩提子，品质方面要逊色于前者。

◎ 星月菩提手串的选购

了解了星月菩提的鉴别方法，选购手串的时候就可以方便很多，但现在市场上的假货五花八门，所以，在选购星月菩提手串时，要格外谨慎。通常可参照以下几条进行选购。

水磨星月菩提　　　　　　　　干磨星月菩提

看手感

星月菩提虽然被分成元宝菩提、金蟾菩提以及浅色金蝉菩提和冰花星月等不同的类别，但选购时一定都是密度大、油分足的才是真正的好手串，这样的手串盘玩起来手感比较好。

掂重量

菩提通常会有干磨和水磨两种工艺，水磨工艺会因为沾水时间过长而改变菩提子的结构，从而使得菩提子发空。而干磨的菩提子比较厚重。菩提子的重量如果较轻，不是水磨就是糠籽，还有可能就是塑料仿品，要慎重选购。

观颜色

菩提子虽然是自然生长，但色差却不能避免，如果手串上的菩提子完全没有色差，那就说明是被漂过了。这种情况会在盘玩过程中产生颜色改变，因此，被漂过的星月菩提手串不是上好选择。

自然生长的星月菩提子与子之间存在色差

听声音

将菩提子两相碰撞,声音清脆的为优质星月菩提,声音发闷的表示星月的密度不好。

◎ 保养与盘玩

一条完美的星月菩提手串是需要主人用心保养和盘玩的,唯有如此,它自身油亮、光泽的外观才能更加突出。同时,正确的盘玩可以让手串产生包浆,从而滋养菩提子的质地,延长它的寿命。菩提手串的保养与盘玩应该以细致、正确为宜,一般要做到以下几点。

保养

1.每隔几天,对手串进行一次清洁,清洁的时候可以用搓澡巾等对菩提表面进行轻轻打磨,这样可以清理掉菩提子表面的脏污。

2.菩提子喜油,皮肤分泌的油脂最能保养菩提子,平时哪怕不佩戴也应该时常拿出来盘玩一下,以帮助手串保持光泽与包浆。

未经盘玩的星月菩提手串

盘玩得当的星月菩提经过岁月的洗礼和手串主人日常的摩挲，不仅颜色漂亮，包浆莹润，还会有瓷质感和开片出现。

3.菩提子最好不要与水接触，容易脱皮、开裂；盘过的珠子也不宜长时间泡在水里。

4.平时存放应该放进密封的小袋子里，过分风干会让菩提子开裂。

盘玩

1.新手串买回来后，每隔一段时间，要用柔软的棉布对其进行擦拭，我们称之为抛光。一般情况下，新的手串初次擦拭应该将串珠绳子放得松一些，以保证菩提子孔道两端都能得到擦拭。

2.将手串自然摆放在一个干燥的地方，需要让它与空气进行全面的接触，如果是悬挂摆放就更加理想，这样有助于手串充分阴干；这个过程大概需要一周的时间。

3.经过放置之后的手串就可以开始盘玩了，这时要先把手洗净，不要用化学清洗剂类产品。盘的时候要特别注意菩提子的孔口部位，用手反复进行揉动，每天盘玩，两周后可以看到手串上出现一层薄薄的包浆。

4.盘好之后的手串放在一边，再次进行干燥，这可以让手串表面的包浆得到硬化。大约放置一周的时间，再次进行盘玩。随着时间的增长，你就可以看到自己手串上的光泽与包浆越来越莹润，质感也越来越通透了。

金刚菩提：金刚罗汉

金刚菩提手串，以形状奇异，坚硬如铁著称。禅意之中，金刚素有摧毁一切邪恶之力的功能，不同金刚拥有不同法力。所以，金刚菩提也是如此，瓣数不同，其意义也不相同。它从1瓣至21瓣不等，如同金刚罗汉一般，各有其意。

金刚菩提手串

金刚菩提质地坚硬，放置及盘玩的时间越长，色泽越深。

◎ 金刚菩提的鉴别

金刚菩提是一种大型常绿阔叶树木的果核，此类树木属椴树科，主要生长在海拔2000米以上的高原地带，以尼泊尔、不丹、孟加拉最为多见。鉴别金刚菩提就应该从它种子的本质来进行断定，大致可分为质地、纹路、桩形三个方面。

质地

金刚菩提的天然性质就是坚硬，这决定了它历久不变的稳定性质，不管放多久，金刚菩提也不会改变其材质的稳定性。而且放的时间越久，它的色泽就越深，呈现出深红色。

纹路

天然的金刚菩提总会有深深浅浅的纹理，而且这些纹理各有不同，有的就如同抽象图案一般，别有一种不规则美；有的则如暗藏的沟壑，深不可测；还有一些纹理之中藏着隐约可见的暗纹，甚至是划痕。但不管外形多么相像的金刚菩提，它的纹理都有如一张自己的身份证，绝对不可能与其他菩提长成一样。所以，在鉴别金刚菩提的时候，从纹路上来观察是非常有保证的。不管是仿冒的还是假的，这不同的纹理很难造出来。

桩形

金刚菩提的桩形和纹路影响其皮肉的饱满程度。例如，很多玩家偏爱"盘龙纹"，就是因为盘龙纹的纹路比较厚实，属于"肉纹"。下面我们仔细比对几个不同类别的金刚菩提桩形及纹路。

梅花桩：梅花桩金刚菩提指五瓣的金刚菩提，从其两侧看，纹路形状整体呈现出类似梅花的样貌。

梅花桩

飞碟桩：飞碟桩金刚菩提的形状比较扁平，呈梯形，其高度和宽度至少相差2.5~3.5毫米。天然矮桩和飞碟桩的金刚菩提子相对稀少，价格也比较贵，属于金刚菩提中的高端桩形。

飞碟桩

一代门墩脑纹盘龙纹：这是人们收藏、盘玩金刚菩提的历史中最早出现的纹路，在前年还比较常见，如今却已经很难再找到了。它

一代门墩脑纹盘龙纹

是盘龙纹的前身，如左图所示，纹路密集而呈片状分布，因酷似人脑纹路而得名。

一代藏式盘龙纹：即典型的盘龙纹，如右图所示，纹路呈片状，细密丰富，很有"肉感"，颇受欢迎。

一代藏式盘龙纹

二代藏式盘龙纹：笔者认为，"二代盘龙纹"和盘龙纹是没有关系的，只是类似盘龙纹的纹路。盘龙纹的纹路很密，分布呈现出片状而不是点状，"二代盘龙纹"则不是这样。如下列左图中的菩提金刚纹路可以称之为"二代盘龙纹"，而右图中的金刚菩提纹路则与盘龙纹基本相符，只是更"肉"更饱满，是呈片状的纹路。

二代藏式盘龙纹

◎ 金刚菩提手串的选购

金刚菩提的皮质、桩形、纹路变化多端，面貌丰富，是很多玩家盘玩菩提子的首选品种。而金刚菩提的选购过程也最能展示菩提子选购的详细步骤。因此，笔者接下来就用一个挑选金刚菩提的实例说明菩提子选购的具体方法。

看颜色

一条盘玩出来的金刚菩提，其颜色多是红润明亮的。为什么会这样？因为人体的汗液和油脂在盘玩的时候会渗入到菩提子外皮中，汗液促使金刚菩提变色，油脂则形成了包浆。

看皮质

事实上，金刚菩提颜色的好坏体现了皮质的好坏，而金刚菩提皮质的好坏，影响的则是最终的盘玩效果。一颗皮质好的金刚菩提应是成熟子，密度高而皮壳亮，皮质坚硬不稀松。

市面上的金刚菩提皮质分为三种：红皮、黄皮和紫红皮。红皮金刚菩提盘玩时上色快，非常容易变红，随着不断盘玩，久而久之会变成棕红色。下面我们来看看红皮金刚盘玩前和盘玩后的效果。

红皮金刚菩提盘玩前 　　　　　红皮金刚菩提盘玩后

黄皮金刚菩提盘玩上色慢，依笔者的经验，基本需要一年以上的时间充分变色。但黄皮金刚菩提最终盘玩出来的颜色会非常漂亮，呈现出牛津红。我们看看效果。

黄皮金刚菩提盘玩前 　　　　　黄皮金刚菩提盘玩后

最后说说紫红皮的金刚菩提。这种金刚菩提盘玩上色也很快，一般三个月左右就会上色。而其最终的颜色会比红皮金刚更黑些，呈现出黑红色。

紫红皮金刚菩提盘玩前　　　　　紫红皮金刚菩提盘玩后

看密度

密度这个要素基本适用于对所有的文玩门类的评价。密度直接影响的是金刚菩提的包浆程度，密度的高低与包浆的厚重程度有对应关系。密度高的金刚菩提会呈现出比较光亮的皮壳，同时也相对更坚硬，如下图所示。

密度高的金刚菩提

看色差

试想，如果好不容易盘玩出来的金刚菩提是五颜六色的，一定会令人失望。对于喜爱金刚菩提的玩家来说，在入手时，一定要十分关注色差问题，色差的大小影响着一条金刚菩提的整体性。

五瓣金刚菩提散珠

盘玩金刚菩提耗费的不仅是工夫，还有心气。因此，最好精选出无色差、大小一致、纹路饱满、皮质坚硬的上等小金刚；而不要选择皮质稀疏、颜色不一的次品。

看瓣数

瓣数是金刚菩提的一个特点，不同的瓣数对应着不同的内涵，在前文中我们已经详细介绍过。是否有必要追求多瓣金刚呢？这个问题的答案见仁见智，还是要依据个人喜好以及中意的寓意而定。

应谨记，金刚菩提最重要的是皮质和密度，它们直接影响美观程度，依据密度可以衡量盘玩之后的光泽度，依据皮质则可衡量盘玩后的颜色。

◎ 保养与盘玩

金刚菩提虽然质硬，但有容易开裂的问题，所以在保养的时候，应该多加注意以下几个问题：

1.防水很重要。尽量不要让金刚菩提沾到水，浸泡过的菩提在风干之后会变得很容易掉皮、开裂。如果不小心沾上了水，可用软布进行擦拭，在擦干之后，放于阴凉地方晾干。

2.防潮很关键。环境过于潮湿，对金刚菩提来说是很不利的，因为这容易使它霉变。霉变的菩提不但会影响品质，也没有办法保持色泽。

3.尽量少吹风。作为树木的种子,经常吹风会造成水分流失,导致纹理开裂。所以平时收藏的时候不要长期裸置于空气中,放进密封的袋子存放最为理想。

4.温差过大要不得。大多数的植物,都无法避免温度变化带来的干扰,金刚菩提经过忽冷忽热的变化之后,容易出现开裂的问题。因此,温度比较稳定的环境更适合存放金刚菩提。

除了有效的保养,适当的盘玩对于金刚菩提同样重要,在盘玩过程中,应该关注以下几个问题,以帮助金刚菩提手串更有质感。

1.盘玩菩提之前,清洗双手,做到没有污物也没有汗渍,这对于菩提子的色泽会更有好处。

2.新买的菩提,可以先刷后盘,刷的时候可用稍粗一些的刷子,但不能将菩提的齿刷断,应该顺着纹理进行刷洗。这样可以有效地对菩提子做清洁。

3.盘玩是一个漫长的过程,不能求之过急,同时刷的时间要与盘的时间保持一致性,保证"三分盘七分刷"。盘,是为了使菩提子均匀上色;刷,一方面可以清理菩提子、一方面鬃刷上的油脂又可以促进菩提子的包浆。

金刚菩提手串,搭配孔雀石。

凤眼菩提：慧眼观清净

凤眼菩提，顾名思义，就是它的每颗珠子上好像都有一只眼睛，状如美丽优雅的凤眼，因而得名。这种菩提产于尼泊尔北部山区海拔6000米以上的地方，虽然别处也有引种，但长出来的菩提子各不相同，无法与尼泊尔产的凤眼菩提相提并论。

藏范儿高密度凤眼手串

基础入门篇

三圣眼之凤眼

◎ 凤眼菩提的鉴别

凤眼菩提因为产地不同、外形不同、皮色、密度也不相同，所以市场上的凤眼菩提价格多样也就不奇怪了。但正宗的尼泊尔凤眼菩提绝对价格不菲，在鉴别时更要打起十二分的精神来才行。

首先，鉴别真正的尼泊尔凤眼菩提要看它的大小，所有产自尼泊尔的凤眼菩提多数都不会小于1.2厘米，小的很少见。倒是我国，近几年也嫁接了凤眼菩提，但以粒小著称，又称小凤眼，其价格就完全无法与尼泊尔凤眼菩提相比较了。

其次，尼泊尔凤眼菩提的纹理很特别。比如其他菩提的纹理，单看是很突出，但串成手串却非常有整体感。凤眼菩提则不同，它的纹理几乎都不相同，表面比较粗犷，串在一起则更加不统一。想要在凤眼菩提手串上寻找规则、整齐感是很难的。鉴别时如果从纹理上看不出凤眼菩提的特异性来，那倒要考虑是不是真的凤眼菩提了。

凤眼菩提细部

最后，凤眼菩提的凤眼形状不正。想要在凤眼菩提子中寻出一颗正圆的凤眼来很难，它们都是有的突出、有的下陷。因此，在鉴定凤眼菩提品质时只能以相对正圆的凤眼为标准，而无法寻到真正完全正圆的凤眼形状。如果一串凤眼菩提都是正圆的凤眼形状，那很有可能是伪造品。

◎ 凤眼菩提手串的选购

凤眼菩提作为菩提子中的精品，在选购时要尤为用心，因为不同的尺寸价格上千差万别，如果再买到假的、次的，就更加损失惨重了。选购时可以注意以下几个方面：

尺寸

凤眼菩提越大或越小越稀少，直径20毫米以上的凤眼菩提更是非常少见，价格也就格外高。当然文玩还有物以稀为贵的说法，如果是特别小的凤眼，价格也会因之提高。但这时要注意，很多商家会为了卖高价，用酸枣核来仿冒小凤眼菩提，你只要拿一颗真的凤眼菩提珠与它进行对比就可以看出真假来了。一般酸枣核的形状多为扁圆形，表面颜色较深，纹理相对浅而平滑，与凤眼菩提的不规则粗犷纹理相比太过规则与整体化了，因此比较容易区分。

大尺寸凤眼和小尺寸凤眼

直径

我们说过，凤眼菩提的凤眼不正，很多人在报尺寸的时候会以孔距来充当菩提的直径，而不是以凤眼的两侧距离为菩提直径，这样一颗珠子就会差上1毫米以上的距离；而多出一毫米以上距离的价格是绝对高出很多的。选购时自己看一看是孔距的直径还是凤眼的距离很有必要，否则只能多花冤枉钱了。

磨皮

凤眼菩提的纹理粗犷，有些商家为了提升菩提子凤眼的形状，刻意对原籽进行磨皮处理。这样将菩提的凤眼和纹理都进行修理，有的甚至会为了光泽而高度抛光。这不仅减少了凤眼菩提的自然之美，也同时让它失去了盘玩的空间，从而降低了它的价值。在选购凤眼菩提时，就要格外留神外形均匀、形状相似的手串，以免被人工"定制"所骗。

尼泊尔产的凤眼菩提子

◎ 保养与盘玩

保养与盘玩凤眼菩提除了要关注它质地所忌讳的条件，还要学会"投其所好"，从而给它提供更高品质的保养空间。

第一，对凤眼菩提进行保养一定要避免风吹日晒、忌酸碱化学液体的接触。通常情况下，长期经受风吹日晒的凤眼菩提会因为水分的流失而降低光泽度，而且还有可能会因风干过度而开裂。酸碱化学液体通常是我们现代化的生活标配，比如每天必不可少的香皂、香水、化妆品等用品，这些东西对凤眼菩提都有刺激，会降低或者改变它深红的色泽，不利于手串的保养。

尼泊尔黄皮凤眼盘玩前

尼泊尔黄皮凤眼盘玩后

经过盘玩的凤眼菩提手串，颜色出现动人色泽

  同时，刚入手的凤眼菩提，进行清洗很重要。可以用澡巾、毛刷等来清洁：取一把干净的小刷子，可蘸少量清水，轻轻刷洗，然后用干净的棉布擦干。一定要记住，擦拭时需要用棉布一个一个擦干，最后进行阴晾风干。

  第二，就是对凤眼菩提的盘玩注意事项了。虽然说凤眼菩提喜油，但并不是任何油都可以。人体自然分泌的油脂对于菩提很有好处，因此，夏天时最适合盘玩凤眼菩提，从而使它周身渗透手上、皮肤上的油脂，增加光泽度。还要记住一点，凤眼的位置，一定要少涂油，这里是植物种子的芽眼，是种子全身最薄弱的地方，过度上油会让它变得发黑，从而失去凤眼的明亮感。

  一般情况下，想要盘出红润的凤眼菩提来，那就要保持手少出汗，有油不要紧，但汗多则会导致凤眼菩提的颜色发白、发黄甚至是发花。越是干净的手进行盘玩，它红得越均匀，也更加有光泽感。

莲花菩提：花开见佛

莲花菩提一直是菩提中的珍贵品种，它外形酷似莲花，圆润柔和。佛教向来将它视为纯洁、清静的象征，认为依莲花可证大道，所以莲花菩提便成为了颇得佛教青眼的花开见佛之信物。同时更取一切随缘，提升心境之意，大有圆成佛道，走向光明之内涵。

莲花菩提中的佛眼

精品莲花菩提手串

◎ 莲花菩提的鉴别

莲花菩提是比较稀有的植物种子，这种植物原产于印度，为大叶蕨类植物，有着"活化石"之称，因而被人们视为菩提子中的上上之品。它外形仿若莲花，有白色、深褐色两种颜色，在鉴别的时候应区别对待。

一般情况下，颜色是莲花菩提的观察重点。有人说莲花菩提是黑色的，其实，如果是把玩到位的莲花菩提，它应该是深褐色中夹带红色的光泽，与黑色并不完全相同。但新买的菩提则一定为浅褐色，里面看不出红的颜色来；如果新菩提带有红色，那只代表是做旧的结果，鉴别过程中要特别注意这一点。

莲花菩提质地非常硬，这是因为它密度很高。因此，在鉴别莲花菩提时，硬度是另一个重要的观察点。鉴别时用手摸菩提表

矮桩莲花菩提 　　　　　　　　高桩莲花菩提

面，会有扎手的感觉，而纹路线条又不发软，这是正常莲花菩提应有的质地。另外，其莲花形状不圆滑，有相对的棱角感，但突出并不大，带有深纹路的手感。这是其品相上的残缺，而想要求一串完整的莲花菩提很难，特别是品相完整饱满的。

通常，真正的莲花菩提并不易上色，只有把玩的时间久了，才会慢慢改变其原来的颜色。虽然可以有包浆，但难掩自身的褐色光泽。正是因为莲花菩提需要把玩的时间偏长，商家才会推出老籽、新籽之说。但聪明的买家应该不要迷信新老的说法，新菩提只要经过用心把玩也一样会成为精品；与其花大价钱买所谓老籽，不如用心盘玩新籽更放心。

◎ 莲花菩提手串的选购

莲花菩提以少而贵闻名，在选购时更要格外留神。这里大致讲一下选购时要注意的事项，选购时还需要自己多加用心才行。

1.选购莲花菩提应该先看它的纹路，纹理太细的不是密度不好，就是成熟度不足，这对它的品质肯定有影响；越是纹理自然、清晰的菩提，品质就越高。

2.发白的莲花菩提不是最好的选择，通常情况下，发白的菩提为糠籽，在把玩过程中很容易变成黑色。

3.莲花菩提几乎都有残缺，一整串特别完整的莲花状手串非常难得，这是由莲花菩提采摘过程所决定的，其采摘过程非常麻烦而且困难重重，品相方面往往会遭到破坏。如果商家的莲花菩提都完整又好品相，消费者就应该提高警惕。

莲花菩提细部，形如莲花

精品莲花菩提手串

莲花菩提手串

◎ 保养与盘玩

鉴于莲花菩提先天的保护措施得不到保证，就只能通过后天的盘玩和保养来让它散发独有的灵气与光泽了。

保养菩提时，应该用软毛刷对其周身进行细致擦拭，将脏色和污渍等清理干净。如果有脏的地方不易清理，可蘸上少量的水，湿润之后，直接轻刷菩提。清理菩提之后放置一边稍等一段时间，再用刷子，脏污便轻松去掉了。除了清洗，对莲花菩提也要防风防晒，同时回避潮湿的空气环境，这样才能让莲花菩提手串的品质更有保障。

其实，想要盘莲花菩提，不管它表面脏不脏，最好每天都拿出一些时间对其干刷，持续几天后再上手把玩，这会在日后盘玩、包浆的时候更容易上色。

盘玩莲花菩提时，要先将双手洗净，然后由单颗珠子开始进行细细揉捻。特别是莲花部位的纹理以及孔口处，需格外用心，这样才能盘出颜色均匀、油亮自然的色泽来。与金刚菩提的盘玩保养一样，莲花菩提也要"三分盘，七分刷"，这样的莲花菩提就会表现出油润、光泽的外观，展现其独有的灵气之像了。

橄榄核：小巧玲珑

橄榄核雕又称榄雕，就是在小小的橄榄核上进行复杂、生动的花鸟游鱼、人物故事雕刻。雕刻工艺不但精细入微，更小巧玲珑，全面展示了雕刻手法的多样与精湛。这项最早属于杂项的工艺，如今已入选国家级非物质文化遗产名录。雕刻的产品也从之前的三五种变成了今天的五十多种，不论圆雕、浮雕还是镂空雕、多层雕，都为人们津津乐道。

橄榄核钱币手串

橄榄核雕十八罗汉手持

◎ 橄榄核雕的鉴别

榄雕最为人称道的地方在于它的微粒之上，栩栩如生之画面尽现绝妙。所以，一颗上好的榄雕，不论欣赏还是鉴别，都应该把握住它应有的神韵。当然，现在榄雕盛行，市场不免良莠不齐，在鉴别时除了神韵，同时也要关注另外几个方面，以确保榄雕珍品不被鱼目混珠。

神韵

所谓神韵即韵味之意，也就是指核雕所具有的气势、味道之说。文学巨匠钱钟书说过："神寓体中，非同形体之显示，韵袅声外，非同声响之亮澈；然而神必托体方见，韵必岁声得聆，非一亦非异，不即而不离。"这也就告诉我们，一件上好的核雕作品，必定要有着神似、韵味之间相互依托，却又有只可意会不能言传的妙处。非如此，不能显示一件核雕的完美。

基础入门篇

材质

同样是橄榄核雕手串，但却有着新核、老核的区别，一般新核放置的时间较短，雕刻后容易出问题，比如开裂，而老核就很少出现这种问题。鉴别橄榄核的新老时，可以看包浆，年头越长的橄榄核，自然包浆的状态就越好，新核则毛刺有棱。

重量

橄榄核雕通常有红色、黄色两种，颜色多以自己喜爱为主，没有特别说法。但密度大的核雕一定更重一些，而这种重一些的核也就说明品质更好，开裂的机会小很多。同时，核的大小也比较重要，市场通货的直径在1.3~2.0厘米之间，特别大的核雕，价格就会相对高一些，当然，非常小的核也一样值钱。总之，不走寻常路的往往更贵。

常随佛学橄榄核手串

福慧双修橄榄核手串

橄榄核雕水果八宝手串

橄榄核雕弥勒手串

橄榄核雕貔貅手串

线条

一件杂乱无章的核雕作品肯定没有什么把玩意义，作为手串也是如此，不但没有欣赏性，还影响收藏。在鉴别好核雕的时候，应该注重它线条的直、曲、折之间的变换。直线表示力量，曲线则为柔和，而折线尽显转折。所以，一件上好的核雕，必定要符合线条排列规律，运行自然流畅的变换之美感。

比例

好的核雕是有一定雕刻比例的，它所雕刻的形象不会头重脚轻，也不会身长腿短。核雕的雕刻比例就是以著名的"黄金分割率"为比例，必须符合"立七、坐五、盘三半"的比例。简单说就是一个人以头长为标准，站着时身高为七个头长，坐着时为五个头长，盘卧则为三个半头长。鉴别一件核雕作品，就可根据这个基本比例来进行观察，否则它很难达到完美的观赏感。

◎ 橄榄核手串的选购

学会鉴别橄榄核雕并不代表着你可以买到放心的好品质核雕手串，因为不同雕刻与不同出品都会成为影响核雕价格的因素。选购时应该参考诸多方面，才能帮你买到品质上乘的橄榄核雕手串。

题材决定价格

有着好立意、好想象力的核雕作品要比普通、传统题材的核雕价格高一些。这是因为核雕在一定程度上彰显着雕刻者高远的思想和十足创造力的空间，生动而全新的题材更能显示与众不同之处，自然价格上也就要更加贵一些。因此在选购时，要特别注意核雕的题材。

有无划痕影响品质

雕刻虽然离不开砂纸、刻刀等工具，但却不能因此而在核雕的表面留下划痕。选购核雕时，应该将它放在灯光下，细看表面是不是有划痕，如果细小的划痕很多，那么就会给核雕的品质带来影响了。对于以收藏、升值为目的的人来说，这种肯定不建议入手。

颜色是否均匀

核雕本身就有红与黄两种颜色，虽然没有哪一种颜色更贵重的说法，但同一串手串颜色的均匀与否肯定与价格相联系。一条雕工细致却颜色深浅不一的核雕手串，价值会受到极大的影响。而这些颜色不

橄榄核手串

匀问题就来自于雕刻过程中凹凸部位的处理以及盘玩的不到位。好品质的核雕应该通体油亮，带有透澈感的凸现，凹点也富有光泽。

雕工是关键

毕竟，核雕是一项雕刻的艺术，所以它最关键的品质衡量标准少不了雕工。雕刻界一直有这样的说法，一流师傅雕人物、二流师傅雕动物、三流师傅雕风景，可见三者之间不同的雕刻功力。当然，人物、动物、风景之间虽不等值，但都决定着雕刻师的雕工技巧。购买核雕时就要看手串的雕刻主题外加雕刻的工艺；人物一定要传神、动物又要生动、风景则需韵味十足，如此才算得上核雕精品。

苏工双面雕十八罗汉橄榄核手串

◎ 保养与盘玩

橄榄核雕手串精致、实用，既可送人又可自我把玩，还能作为收藏品，等待升值。对如此完美多用的宝贝来说，认真保养、仔细盘玩就很有必要了。

保养

保养橄榄核雕手串一定要给它合适的环境，核雕来自于植物的种子，怕水、怕温度忽高忽低的变

十八罗汉橄榄核手串

化、怕风吹日晒。水分过多、温度忽变不但会促使核雕产生膨胀收缩的变化，还会造成开裂的后果。万一核雕手串浸了水，应该将它放进一个密封塑料袋里，然后留下自然的小透气孔，让它慢慢将水分蒸发掉，切忌马上吹干。

另外，对核雕手串的保养，保存方法很关键，如果放置不当，很可能会引起虫蛀或者霉变等问题。所以，最好的方法是将不戴的橄榄核雕手串装进一个袋子中，封上口，再放进一个相对大一些的盒子内。这样不但方便核雕手串通风，也不会因为过分干燥而引起开裂或者太过潮湿而霉变的问题。同时，核雕最适宜的温度应该是5～27℃左右，如果长期放在30℃以上的密闭空间，核雕很可能会因此开裂。如果怕核雕被虫蛀，最好的方法就是去掉核雕的核仁，这样能有效阻止虫蛀事件发生。

最后，橄榄核雕不能太干，而它本身油质又不足，这就需要人为的上油处理。平时可以隔一段时间，给核雕涂抹上少量的橄榄油或者是核桃油。涂的时候可用小软刷细细刷匀，切忌油量过多。

盘玩

盘玩核雕手串无非是为了给核雕上浆，从而帮助它变得光泽油亮。盘玩的手法很多样，比如推、掐、捻、搓等。但核雕涉及雕刻工艺，不是所有的方法都能用。通常，镂空雕、透雕的工艺不能大力推搓，它质地比较脆弱，磕磕碰碰很容易碎裂。在盘的时候，可以两手指轻轻捏核雕串珠，不能太用力，只有经过长时间的手捏，核雕本身才会真正被盘出来。而对于立体雕、浮雕工艺，也不能用手来搓盘，如果搓得不恰当就会将突兀的部位给搓掉，反而是轻轻的抚摩能很好地为核雕上浆。

核雕除了平时上油之外，经常佩戴也更利于包浆上色。人的皮肤油脂对核雕很有好处，柔软的皮肤又不会伤到核雕，特别是夏天、秋天，佩戴橄榄核雕手串就是对它最好的盘玩，只要不湿水，就完全可以盘出色泽光亮，包浆自然的核雕手串。

微雕经文橄榄核手串

紫檀：帝王之木

紫檀向来以名贵著称，在古时候，它就是帝王之家的青睐木种。本文所讲的紫檀为小叶紫檀，其品质在众多红木中为佼佼者。紫檀生长缓慢，加之过去大肆采伐，紫檀木的出品已经越来越少。时至今日，紫檀手串虽然只是小小的几颗珠子，却已经价值不菲。不仅如此，随着紫檀资源的日益减少，其价格则逐年飙涨，紫檀手串也必定会随着市场行情的上涨而不断上升。

紫檀108子手串

金星紫檀手串

◎ 紫檀的鉴别

紫檀如此珍贵，入手时要格外注意鉴别。

看纹路

紫檀生长缓慢，其内里纹路清晰可见。最为主要的是紫檀内里会有牛毛纹、金星，这是其他木质所不具备的特点。所谓牛毛纹就是如同牛毛一样的棕眼，有的呈S状，有的比较直；而牛毛纹越是细、多，紫檀品质越高。在分辨时应该注重其形象性，如果看到珠子上毛孔粗，纹理不自然，又杂乱无章的牛毛纹路，那多半是人工作品。紫檀木内的金星来自于紫檀树在生长过程中导管内树脂堵塞的沉积，这种堵塞在经过长期的氧化后，形成了金黄色的斑点。正常情况下，当一棵树木的导管被堵塞，必定会减少养分的输送，这会使树木生长缓慢，那些金色斑点便被结结实实地压在了木质中，形成金星。

闻香味

紫檀木本身具有特别的香气，而且这香味似有还无，清而浅淡，与那种浓香型的木头完全不同。鉴别时也不要与我们平日闻到的檀香味道来对比，它们根本就是两种完全不同的味道。快速摩擦紫檀手珠，手珠温度上升时能闻到一股特别的气息，为淡淡的清香味道。条件允许的情况下，也可以用刀锉一下，其气味会更加大，只是这气味带着生木头的味道，与温度改变而散发的清香味有所区别。

掂分量

紫檀生长极为缓慢，密度大，故而在手上有坠手的感觉。在鉴别紫檀手串时，用手掂一下它的分量，就可以大致知道它的材质，特别是对不同材质的手串进行对比掂重，就可以分辨紫檀分量的不同了。一般相同珠数，直径大小一致的手串，重量都不会超过紫檀手串。

听声音

真正的紫檀木在与其他物件进行碰撞时，会发出清脆的类似于金属的声音，完全没有杂音。在所有的木头当中，除了紫檀，唯有黄花梨木才可以有这样的效果。所以鉴别是不是紫檀时，两颗手珠对碰一下，声音如果混浊不清，那就有问题了。

油脂含量丰富的紫檀手串

盘玩时间较长，包浆浓重的紫檀手串

◎ 紫檀手串的选购

紫檀手串价格不菲，选购时不但要避免买到假货，还要注重品质，以免被不法商家钻了空子。一般来说，在选购紫檀手串时，除了要用上鉴别紫檀真假的方法之外，更要遵循以下几个经验。

金星大小有说法

在选购紫檀手串的时候，人们多会注意串珠上的金星大小，认为越大的金星，品质越高。其实不然，大颗的金星往往脱落的风险较大，这是因为金星过大，与木质结构结合不足引起的；而小金星则相对与木质结合得更加牢固。所以选购带金星的紫檀手串时，大金星不如小金星有收藏价值。同时，还有的商家会用普通紫檀木加大颗金星作假，哪怕日后脱落了，消费者也不明真相。

密度代表品质

越是高品质的紫檀，其密度越大，这说明紫檀树在生长过程中缓慢而真实的经历，它使得紫檀具备了重而多纹的品质。选购时只要用放大镜对着串珠细细观察，看它的棕眼是不是细密，花纹是不是细致，甚至油性是不是足，就能很好得出串珠密度的结果来了。高密度的紫檀串珠一定油性足、花纹细、而且棕眼密。

绝不能贪便宜

所谓便宜无好货，如果你想要买紫檀手串，又想少花钱，一心抱有捡漏的心态，那你上当的概率就会增加。现在市场行情如此紧俏，理想的紫檀原料已经供不应求。因此，就有人将经过表面氧化的紫檀新材冒充老料来兜售，价格上只是稍稍低一点，消费者便趋之若鹜了。其实新紫檀料与老紫檀料的价格是根本没法比的，表面上看起来是省了钱，其实蒙受了很大的损失。因为新料的密度绝对没有老料高，同时，在油性、纹路方面，都不如老料明显；盘玩的时候，新料也要难上浆。

金星紫檀108子串珠

◎ 保养与盘玩

保养紫檀应该以它木质性的结构为重点,减少风吹、日晒、浸水等情况的发生。日常保持串珠周身的干净很有必要,每日用软棉布进行擦拭即可。同时,不要给手串上油、打蜡。因为它带有棕眼木质的结构性质,使串珠带有天然的呼吸"孔隙",这些毛孔会分泌紫檀木自身的油脂,同时也会散发香味。如果上油,就会改变孔隙分泌的自然性,同时改变紫檀原本的颜色;而打蜡则直接会将紫檀的孔隙堵塞,让它无法将珠内的油脂通过孔道分布到表面。这样,紫檀手串的颜色会变深,油润度也会降低。

藏式老形小叶紫檀手串

藏式老形小叶紫檀

有人说将紫檀手串泡在酒精中，可以检验紫檀的真假，同时也能消毒、清洗。这个方法正确与否有待商榷，因为紫檀本身，特别是其中的紫檀素是溶于酒精的，如果将其放进酒精中进行清洗、消毒，那代价就太大了。其实，它只要日常的擦拭、通风即可，无须这么深入处理。

盘玩紫檀手串并没什么难度，主要还是一个耐心问题。紫檀害怕汗水，这会让它的颜色变深，金星也会发乌。在盘玩初期，一定要戴上棉手套，每天用1个小时以上的时间，对它进行揉捏把玩，持续两周时间。

然后将手串放在自然通风的地方，让其自身的油脂自然渗出，并通过风干进行固化。这大概需要一周时间，便可再戴上手套，对其进行全面的揉捏，特别是珠孔周围，一定要细细揉捏到位。两周之后，可以明显感觉到紫檀串珠表面变得有粗糙感，不用着急，这只是手串出浆的证明。这时便可以将手串放一边进行通风放置，任包浆硬化。一周之后再继续进行手串的盘玩，如此反复3~5次，紫檀手串就会变得光泽莹润，珠滑色亮了。

紫檀手串盘玩初期要佩戴棉质手套

黄花梨：木中黄金

黄花梨，原名降香黄檀木，为豆科植物，原产于中国海南岛吊罗山尖峰岭一带。黄花梨生长非常缓慢，但木色金黄温润，质地坚实，更有着美如图案的花纹。用它做成的家具不变形，不开裂，可保持千年不变质。因此，黄花梨又被称为木中黄金，深得收藏者喜爱，大料通常做成家具、工艺品等，小料则成为市场热销的黄花梨手串。

黄花梨手串

◎ 黄花梨的鉴别

鉴别黄花梨要先明白，市场所见的黄花梨木有产自海南的，也有产自越南的。通常越南的黄花梨要逊于海南黄花梨，而且海南产黄花梨为红木中的极品，价格要比越南黄花梨贵很多。市场上就有很多用越南黄花梨冒充海南黄花梨的现象，辨别它们则需从以下四个方面综合判断。

颜色

虽然黄花梨被称为木质金黄，但绝不代表它只有金黄一种颜色，海南出产的黄花梨木就有黄、黑、红、紫、褐等不同颜色。但越南黄花梨却大部分只有黄色一种颜色，而且黄得浅淡，没有海南黄花梨的金质光泽。如果将两个产地的黄花梨木放在一起，明显可以分辨它们的不同：海南黄花梨黄中带暗红，其色深沉；越南花梨则黄中偏橙，淡于正宗的金黄色。

黄花梨手串

油性十足的海南黄花梨108子串珠

纹理

　　黄花梨生长缓慢，树纹细致，因此内里的纹路非常有特色。一般海南产的黄花梨木纹路清晰，并带有墨色线条，细密繁多，有的如同蟹爪状，有的如同牛毛纹状；但不管如何，这些纹理都不杂乱，自有一种流畅自然之美感。但越南产的黄花梨木则不同，它的纹理不但粗，而且多呈山水纹，其黑晕很多。另外，海南产黄花梨木的纹理之重点还在于它有明显的"鬼脸"特征，这是树木生长过程中所留下的树疙瘩或者结节，因其形状如同抽象鬼脸形状，才被称为鬼脸。越南产的黄花梨木虽也有此现象，只是形象上不如海南产的丰富、生动。

香味

　　黄花梨木又称降香紫檀木，是因为它自身就带一股天然降香味道，其味经久不散。尤其是海南产的黄花梨，香味清幽淡雅，于香后略带微微酸味，把玩之后很长时间手上都会留有降香的味道。但越南黄花梨就没有这么好了，香味初闻有一些，细闻反而不足，把玩之后手上也不留什么味道，这就是明显的区别。

手感

黄花梨木的手感非常温润，有如玉质，这在其他木质中并不多见。这是因为海南黄花梨木的密度极高，纹理细腻，加之降香含量极高，所以手感上的细柔之感更加明显。通过检测发现，海南黄花梨的含油量达到百分之二十七，这是其他木质所不具备的高含油量。自然，这也就成就了海南黄花梨木独有的温润细腻之手感。

◎ 黄花梨手串的选购

海南产黄花梨是市场上最少见也最名贵的木材，在选购的时候应该睁大双眼，不仅要从真假上观察，更要从品质上入手，从而收获有高收藏价值的黄花梨手串。

选购黄花梨手串第一要点是先弄清产地，海南与越南虽只是一字之差，它们所产出的黄花梨木价格却大不相同。如果以海南黄花梨的价格去买越南产的黄花梨手串，这就要有损收藏价值了。至于产地的鉴别，只要通过上面几个鉴定方法便可得出正确答案。

其次，一定要看串珠的品相，珠子是不是正圆、有没有磕碰，或者是划痕、胶补等，这些都不能忽略，有一点没注意到，都可能让你买回带有

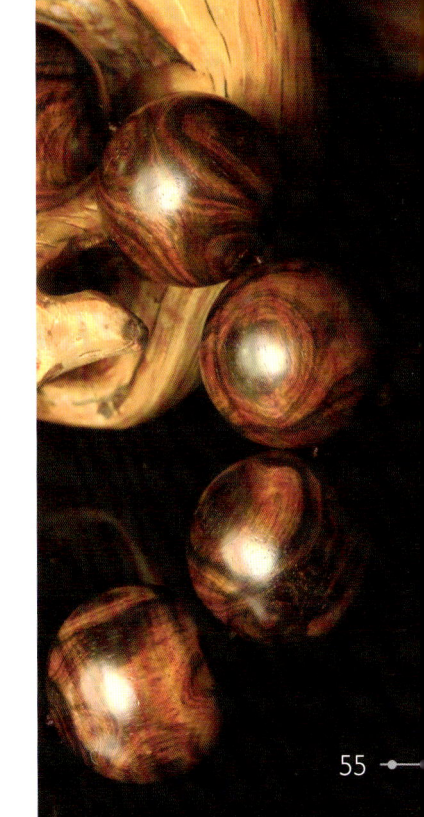

海南黄花梨的油性和花纹

海南黄花梨手串

瑕疵的手串来。看完品相之后，细细看单颗珠子的品质。一般来说，上好的黄花梨串珠上要求不能有白木色，水波纹中要带有金丝线，而鬼脸纹则生动；同时纹中黑线不能没有细节，如黑线不流畅，形成一个黑点，就算不上好的品相了。

最后，手串上的花纹是不是统一也很重要，如果一条手串上的珠子同时出现多种花纹，有横有竖有斜，或者分布不匀，这种杂乱之感就会降低手串的价格。所以，选择纹路相近的手串才最理想。另外，颜色上也需关注，不同颜色的珠子串在一起有碍手串美观，如果是色彩匀称的珠子串在一起，给人的感觉就完全不一样了。

◎ 保养与盘玩

黄花梨手串素以花纹完美取胜，如果保养不当，那手串很容易因为变色而影响珠子花纹的展现。所以保养是一个重要部分，对于黄花梨尤为如此。

保养方法

1.定时清洗，不让污渍留在珠子上，但清洗的时候不能用含有化工元素的产品，比如香皂、洗手液等。一般可以用棉布蘸清水，对珠子进行小心擦洗，擦洗之后放在自然通风的地方晾干。

2.黄花梨手串不能进行暴晒,虽然它开裂的机会不大,但长时间的阳光暴晒会使黄花梨木龟裂、产生细纹、甚至变形。

3.黄花梨手串本就是高油质地,不需要额外涂油加以滋润;抹油反而会影响手串自身花纹的纹路美感,甚至会因为过量的油脂,形成深褐色的"花点",影响手串外观。

4.定期盘玩,使手串形成稳定的包浆。

盘玩方法

新买回的黄花梨手串肯定没有盘玩过的手串好看,这是因为新的手串没有包浆,或者说不经盘玩,其油质得不到发挥,光泽上有所欠缺。黄花梨手串通常可以这样进行把玩:

1.将新手串放进袋子里,不要密闭其口,留下小的通风口,静放几天时间,让它与当地的气候进行适应。

2.戴上棉手套,将手串拿出来放在手中,进行盘搓、盘搓的时候用力要轻而匀,以免上色包浆不匀。珠子的孔眼周围要特别仔细捏盘,如果忽略了,日后手串的外观就会有色差。

3.连续盘搓两周时间,放在一边静置一周,然后再进行新一轮的盘搓,当感觉到手串上出现粘阻感时,就将手串放在一边通风晾放3天时间。然后再继续进行不断的盘搓,一般需要半年时间的反复盘玩,黄花梨手串才能形成稳定的包浆,色泽自然光亮。

品相完美的黄花梨108子串珠

金丝楠：寸木寸金

金丝楠从古至今都是非常名贵的木材，它性质稳定，经久耐用，一直为皇家宫殿、龙椅等必需的材料。据说自明朝起，金丝楠便已经濒临灭绝，到现在就更加难得一见了。金丝楠木品质高，价格贵，大有寸木寸金的架势；也正是因为它的珍稀与名贵，才引得无数收藏爱好者为之倾倒。

金丝楠阴沉木手串

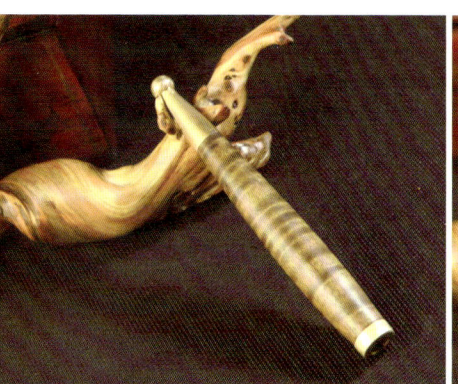

金丝楠阴沉木烟嘴

◎ 金丝楠的鉴别

金丝楠的名贵注定了市场的纷乱现象，以次充好的、以假乱真的现象频出。想要不上当受骗，前提就是要有一双识别金丝楠的慧眼。在这里，就讲几个鉴别金丝楠木的要点，从而帮你慧眼识真。

性质

金丝楠木性质稳定，不易变形也不会开裂，抗虫防腐性能极强。但它的分量并不很重，也没有黄花梨、紫檀等木的硬度，只是结构相对较细，很少有树结，纹理上更加光滑自然，刨面不加任何修饰也会光亮照人。同时，金丝楠木硬度适中，胀缩性小，具有自身不易变形也不开裂的性质。

手感

金丝楠的手感相对奇特，夏天摸上去带有一种自然的凉感，而冬天摸上去则触而不凉。这是其他硬木材质所不具备的手感，因此才更适合做成家具，当然直接佩戴在身上也很不错。其他木材虽然各有所长，但远不及金丝楠木这别具一格的特色。

金丝楠阴沉木桶珠手串

香味

很多木材都有香味，但香味却各不相同，金丝楠发出的香味比较幽远，有一种聚而不散的感觉，放置的时间越长，它的味道就越明显，哪怕是在雨天，其香味也不能被遮掩。所以用香味来鉴别金丝楠是聪明之选，但一定要区分化工香味以及自然木质香味的不同。金丝楠木的香味中有一种楠木的自然气息，如果是化工浸泡出来的香味，则显得突兀而直接。

金丝

所谓金丝楠，就是因为木质中带有金色丝纹。仔细看串珠时，如果是真的金丝楠木，就可以从中发现一缕一缕的金丝纹路，而且分布得很匀，不管哪个角度看都不间断。鉴别时可以将其放在阳光或者灯光下，金丝就会闪闪发出光芒，特别容易分辨。

颜色

正宗的金丝楠木并不是呆板的木质原色，它于黄褐中带一点浅绿，无论新切开的还是老料，那种绿色都可以直接看出来。这种明显的特质成为它区别于其他木质的一个关键点。

◎ 金丝楠手串的选购

其实，楠木有很多种，金丝楠只是其中一种带有金丝纹理的楠木。但这种带有金丝的楠木也是最名贵的，在挑选手串时，自然也就要在金丝上入手了。通常可以将手串侧对着太阳的光线，看手串是不是有闪烁的金丝跳跃，如果有，就说明这是真正的金丝楠手串，如果没有，则不是。

不过，最重要的一点在于这金丝楠是不是其他有金丝的木材冒充的，这时可以通过气味来辨别。一般可以冒充金丝楠木的材质主要有黄金樟和金丝柚两种，从名字就可以听出，它们也会带有金丝的性质。但因为金丝柚的密度相对要低一些，而且木纹不如金丝楠清晰；再闻味道，金丝楠幽香，而金丝柚则在酸味中夹有一点臭味，气味区别非常大。黄金樟木质虽然与金丝楠木相

金丝楠手串

类似，但颜色不是黄褐中带有绿色的样子，而是木色发白；同时它的味道比较刺鼻，与幽香相去甚远。也有人用水楠来冒充金丝楠，只是这种木虽属楠木，但无金丝，木质上也比金丝楠疏松得多，重量也轻很多，味道完全不一样，是与金丝柚相差不多的酸臭味。

当然，金丝楠木手串除了要有金丝，其金丝的纹理也很有讲究。它金丝的纹理细而密，又条理分明不杂乱；再就是有着明显的荧光感，越是老料，这种感觉就越明显。其他木质想要有这样的金丝纹理几乎不可能。另外，就算是真正的金丝楠木手串，也不能就视其为珍品。因为还要看珠子串在一起之后的纹路是不是大致相同，如果每颗珠子的纹理都不一样，就会感觉杂乱无章，从而破坏手串本身的美感，也降低了手串自身的价值。

◎ 保养与盘玩

像金丝楠这样名贵的手串，在保养过程中就要格外用心些，而且金丝楠一般不会上色，就保持其原有的纹理与木色，从而彰显自己与众不同的金光性质。如果保养不到位，很有可能会使金丝纹理受损，改变它的外观。所以，平时佩戴金丝楠手串时，不要经常沾水，更不能用水进行浸泡。如果不慎沾了水，则要及时放在阴凉处进行自然风干。

另外，金丝楠虽然有着不裂不变形的特性，但一样不适宜太阳的长期暴晒，这会改变金丝楠的原本木色。通常，新料金丝楠木会是浅黄色，而年份长一些就会变成金黄色，若经常暴晒则变为淡紫色，同时减轻它纹理的美感，非常破坏金丝楠木

本身细腻温润的品质。通常情况下，不戴的金丝楠手串只要放进棉布袋中，直接收藏在抽屉里就行，完全不用担心虫蛀、发霉这些问题。

最后，金丝楠木自身因金丝的存在，比一般木质手串要更亮一些，就算不上油也非常好看。但如果能给它涂一点橄榄油，进行温润度的保养，那么就可以让金丝更加耀眼，同时还能因为油质而减少珠与珠之间的直接摩擦，对手串起到很好的保护作用。

盘玩金丝楠手串与盘玩其他紫檀、黄花梨相差不多，主要是每日不少于半小时的揉搓，坚持的时间越长，手串的包浆就越好，这样金丝的光泽感也就更强了。不过，盘玩金丝楠手串要格外忌讳汗渍，特别是未经盘过的新手串。因为汗液会侵蚀金丝楠木的表面，会使金丝变得发污，同时木质变黑。这样虽然依旧有光泽，但却完全失去了金丝自然的荧光之感，也就显不出金丝楠不同于其他木质的高贵典雅之色了。因此，在盘的过程中，戴一副干净细软的手套非常有必要。

金丝楠阴沉木桶珠手串

沉香：木中钻石

沉香是成长于热带地区的瑞香科树木，它生长周期长，产香周期更长，一棵沉香树形成沉香需要至少20年以上的时间。沉香木质细腻、入水能沉，其味更不可与一般香气同日而语，细闻时似乎不可得，转瞬又飘忽而来。因此，沉香一直被人们视作与自然相合的木材，为众香之首，身价极高，堪称木中钻石。

沉香手串 配锡盒

◎ 沉香的鉴别

因沉香身价的高昂，沉香市场也进入了淘"香"混战，各种沉香手串、摆件等假沉香制品经过煮油、泡药水等手段，堂而皇之跻身其中，与真沉香泥沙俱下、鱼目混珠。这对消费者无疑有着很大的伤害，所以，学会对沉香真假的鉴别为每个沉香爱好者都应该掌握的技能。

闻香味

沉香既被称为香，自然是以香味著称，因此在鉴别时先闻香味才行。对于沉香来说，行家认为其有五味，即辛、甘、酸、咸、苦；而最好的香味则为甘，也就是说带有淡淡甘甜之味的沉香才是上好之选，不过佛家一直以苦香为禅味，又另当别论。另外，沉香之香并不是浓郁扑鼻而来的，真正的沉香味道应该是若隐若现，似有还无。通常用手对它进行摩擦，香味则会比较明显一些，如果是化学药品所浸出的

清·沉香手串

香味，则没有真沉香的天然与绵长，而且也不存在香味的变化，比较直接。这是最容易辨别的方法之一，新老爱好者都会以此为鉴别方法。

看颜色

沉香有好几种颜色，而最上品的颜色为淡绿色，深绿色次之，其次才是黄色、黑色。当然，如果遇到黑得匀净、深沉者，又可称其为宝贝，非常难得。鉴别时可用放大镜来看沉香的透光油脂与油脂线，因为沉香是油脂与木质的凝聚物，在它身上除了淡淡的颜色之外，还会显示出清晰的竹丝纹油脂线以及透光油脂。如果具备这两样，那就是不错的沉香了，而如果其油脂量非常高，品相完整，则又更上一个档次。

掂重量

沉香木本身是很轻的，但沉香却因为结油之后而变得重一些，一般结香时间越长的，油分越多的，重量也就越沉。鉴别沉

沉香手串

沉香手串

香手串时，掂一下分量，有手感的才是好沉香。当然，并不是越沉越好，通常一颗直径10毫米的品质较高的沉香串珠，其重量要在0.64克左右。如果过轻，那肯定品质不高，但若是过重了，则有假沉香的嫌疑。

◎ 沉香手串的选购

沉香一般可分为倒架、水沉、土沉、蚁沉以及活沉、白木六种，在选购沉香手串时，消费者就可以根据前文说法进行手串等级的验证。因为白木含油量不足，价格上最为低廉，不能与前五种相比。只不过这些方法比较专业，爱好者需要通过专业人员的帮助才能运用。针对大部分沉香手串爱好者来说，下面几个评估沉香手串品质的小方法却可以轻松运用。

好手串是有等级的

在选购一条沉香手串时，可以将它垂直拎起，然后看重量、颜色上的不同。因为沉香有沉水与半沉水之分，自然沉水的更好一些，消费者不能直接将手串放进水中，但垂直度可显示它的重量品质，一串下垂度不足的手串，其沉香品质很一般。颜色方面，如果颜色之中有着黑油格，那则代表质量上乘，如果为黄油格则次之，而如果是白木无油脂含量的，则只能说没有任何沉香级别了，品质最低。

串珠不是越圆越好

沉香手串不能以珠圆玉润来形容，因为如果是纯香手串的话，珠子是很难做的，这必须要手工一个一个打磨出来，打磨过程中一不小心，就有可能碎掉，所以相对形状不会太圆。极圆的串珠一般只能说是沉香木手串，而非真正的沉香。因为木质容易成型，又相对坚固，自然制作起来更方便。在选购手串时，你要在心里想明白一件事：我是要一串沉香手串还是要一串沉香木手串。想明白这一点，再作选择。手工磨的沉香串珠与机磨的沉香木串珠，怎么可能一样圆润呢。

品相与身价相当

在选购沉香手串时，就要在排除了真假、级别之后，来对它的品相进行挑选。如此，你才能真正买到一串价格、品相相当的好沉香手串。

越南桶珠沉香手串

◎ 保养与盘玩

沉香虽然是木中钻石，但保养起来在要求上并不高端，遵照以下几点去做，就可以很好地对沉香手串进行保养了。

1.少沾水。虽然说沉香自身不怕水，但多碰水肯定会伤害其香质，所以，平时尽量少沾水，每日适合早上戴起来，晚上摘下来，放进密封容器中存放，保持其香氛。

清·沉香手串

2.少碰化学产品。沉香与所有的珠宝一样，要避免化学产品，平日里不管是肥皂还是洗发水、沐浴露等产品，都应该远离沉香手串，因为这些产品中的化学成分，会腐蚀手串表面，同时使它的香味变淡。

3.尽量少碰撞。沉香手串虽为木质，但有着香的脆质，如果与其他硬性物件进行碰撞，就有可能产生划痕、磕碰等。同时，在佩戴时，更要注意不与有锋利边缘的首饰同戴，以减少沉香手串受到伤害。

4.远离高温。沉香在高温、强光下会引起变质，因此不要将手串长期暴晒在阳光下，也不要在40℃以上的温度中佩戴，比如蒸桑拿、做汗蒸等，以防止变质、开裂等问题的发生。

对于沉香手串来说，在盘玩上并没有特别的要求，甚至不需要刻意的把玩，身体皮肤对于沉香就是最好的滋润。而且特别盘玩包浆的沉香手串会引起沉香气孔的堵塞，从而堵住香味的散发，所以，简单地佩戴在腕间就足够了。要特别讲一下，如果手串包浆太厚，影响了沉香的味道，就要去浆。方法也并不难，可自己选择合适的来用。

打磨法：这个方法不是最好的，但比较直接有效。选一张目数较大的砂纸来打磨珠串表面，从而将包浆打磨掉。不过，这肯定会损伤沉香珠的原质，也会让珠子变小，所以能不用最好不要用。

温洗法：将毛巾放进温水中浸湿，拧去全部的水分，一定不能让毛巾滴出水来。将沉香手串包在湿毛巾中，静置5分钟，然后用干的棉布进行轻轻擦拭。擦好之后放进可以密封的瓶子里，放一天时间，沉香自然干透也就可以了。此方法不但不会损伤珠子本身，也不会消耗珠子过多的油脂。

芽庄沉香手串

基础入门篇

越南沉香手串

翡翠：玉中之王

翡翠，为玉石中的一种，又称翡翠玉，通常有蓝、红、绿、黄等颜色。由于翡翠颜色自然，变化多端，其质地细腻、晶莹，因而一直有"玉中之王"的美誉。古代，人们更将它视为公正、勇气、纯洁、和谐的象征，认为翡翠是天上的石头，可为人们带来好运。

翡翠手串

清 · 翡翠手串

◎ 翡翠手串的鉴别

翡翠作为玉质中价格最高的玉石，一直是人们追求、收藏的热点。可是，翡翠品种多样，辨识复杂，一不小心，就有可能上当受骗。所以，对翡翠手串进行鉴别，要格外用心，以免被以次充好，以假乱真。

种水好的翡翠中大都有小团的块状，但细小不明显，与斑状晶体有所区别，它透明度不高，有纤维状晶体交织，形成花朵状，俗称石花。

翡翠分为A货、B货、C货。A货是指翡翠在玉石开采到加工成型的过程中没有经过人为的化学处理，它的种质、颜色都是天然的。B货是指翡翠玉石经过注胶处理，使其从不透明变为透明，破坏玉石结构，改变玉石种质的翡翠。这种B货时间一长，漂亮的"玉石"会变得面目全非。C货即人工染色翡翠，不必多看。B+C货，可以理解为注胶加染色的翡翠，更不可取。

将手串放在荧光灯下，看翡翠串珠的变化，通常情况下，翡翠A货串珠与翡翠C货串珠没有特别变化，但C货为人工染色处理过的，其颜色不会很均匀，特别是裂隙处，会有明显加深的样子。而翡翠B货在荧光下会泛出白色，这也是人工处理过的结果，只有A货才保持通透晶莹。不同品质的翡翠手串要符合不同等级的标准，否则就要怀疑它的真假了。

如果串珠内部有比较多的白棉状，如同泡沫一般，用放大镜看不出花斑，则有可能是"水沫子"的冒充。而有些翡翠水头好，但有青色条带花纹，且为灰绿色，就可能是"昆究"，它比真正的翡翠要便宜得多。

◎ 翡翠手串的选购

想要选购完美的翡翠手串，只知道真假还不行，因为品质才是翡翠的生命，品质的高低，其价格之间有天壤之别。所以，在选购手串的时候，要特别注重品质。如果你不知道如何关注品质，不妨按以下几个方面进行选择。

避免裂纹

裂纹是翡翠的致命伤，同样级别的翡翠，一条裂纹就有可能令其身价减半。因此，选购手串时可备一只手电筒，对着串珠进行照射，看有没有裂纹。

翡翠手串

水头好不好

所谓水头,是行家的术语,它是指翡翠的透明度。一般水头好的,要求杂质少、透明度高,这样品质就比较高。看的时候可以拿起一颗串珠,在强光下进行照射。串珠内粒度均匀、杂质少、纯净度高,就是好翡翠。

翡翠手串

地障很关键

地障又被称为"地",即指翡翠绿色部分与其他部分的色彩协调程度,比如是不是干净,有无杂质等。它通常与"水头""种"相联系,三者如果都完美的可以被称为高档翡翠。地障的结构要求色调自然、均匀,没有太多杂质,又有一点透明度,这可以视为"地"好,会按品种称为"玻璃地""蛋清地""糯化地",如果地障存在杂质、不透明等问题,则称为"地干",翡翠也会被叫作"石灰地""狗屎地"等,其品质自然也就非常一般了。

翡翠种要老

"种"是翡翠品质的重要标志,新坑出品的被称为新种,一般品质上质地疏松、粒度粗细不匀、还有杂质、裂隙等,等级不如老种好。老种的翡翠结构细腻、硬度也高,通过强光可看到粒度均匀,透明度很高。所以翡翠只有买老种,升值空间才大。

串珠外观有说法

手串的串珠多为圆形,直径为4～18毫米不等。在选购翡翠手串的时候,除了要选择适合自己大小的珠形,还要看珠子饱满程度是不是到位，饱满圆整的串珠，品质更有档次。而颜色方面则以艳丽富有光彩的为好品相，价值上自然就会高出很多。通常情况下，珠子越大，价格越高，这也就意味着翡翠手串的升值空间被提升。

◎ 盘玩与保养

翡翠手串

所有爱玉的人都知道，"玩玉之道在于盘玉"，所以，好的翡翠手串入手之后，用心盘玩，才是佩戴过程的开始。对于翡翠手串来说，盘玩要注意以下几个方面：

首先，翡翠手串买回家之后，不要急着盘，先将它泡在清水中3～5小时，将串珠用细毛刷轻轻刷洗一遍。这样不但可以去除购买前打磨、摆放等过程中的污渍沾染，还能保证卫生，对手串的色泽也更有帮助。

其次，开始盘之前，应该将串珠放在一块棉布中，最好是柔软的白色旧棉布。细致地分颗摩擦，要轻而快速地转动，每颗珠子都转相同的时间。这样转动要经历1～3个月的时间，再放进新布中，继续打磨、擦拭。

最后，经过长时间的摩擦之后，翡翠可戴于手腕上，每日除了清洗，尽量多戴，以让它与身体温度保持恒定。这样翡翠内的灰体可以被排出来，从而色泌凝结，颜色才能越来越明亮鲜艳。

盘玩翡翠手串是一个漫长的过程，不管缓盘、急盘还是意盘，少于一年都不可能盘出真正的好翡翠。所以，玩家在盘玩过程中，切不可心急。而在盘玩的同时，还要注意保养，否则就要破坏翡翠的品质了。以下几点一定要谨记：

1.不与污染物接触。对于翡翠来说，酸、碱、油、化妆品类的东西都是污染源，它们会污染翡翠表层结构，以影响其颜色。所以平时不要与这些物质相接触，并时时用清水、细刷、棉布进行清洁。一定要记住，棉布应选用无色的，以免染色脱落。

2.化学产品不能沾。所谓化学产品应该包括我们常用的肥皂、洗手液、沐浴露等。清洗翡翠手串切不可用这些东西，以免损失翡翠的本质。

3.千万不能暴晒。高温会使翡翠玉质发生改变，从而破坏原来的质地，因此，翡翠手串不应该在阳光下暴晒，同时也不能长时间放置于高温环境里，比如洗热水澡时，应该摘下来。

4.定期进行清洗。对翡翠手串要养成定期清洗的习惯，隔几天给它泡个清水"澡"，用细毛刷进行轻轻擦拭。这样能减少手串表面因灰尘、污染物对光泽度的影响。

清·翡翠手串

和田玉：温润君子之魂

和田玉，俗称真玉，为软玉品种之一，在我国已经有3000年的历史。其质滋润、细腻、色泽微透，由内而外透着一种晶莹却不凌厉的温厚之感。因而，历朝历代都将和田玉视为君子之德，形容君子则以"谦谦君子，温润如玉"语之。由此可见，和田玉不是单纯的玉石，更是古往今来君子之魂的象征。

◎ 和田玉手串的鉴别

因为和田玉料的珍贵、稀有，致使和田玉手串价格不断攀升。对于喜爱和田玉手串的人来说，如果再因鉴别不当而买到品质低劣产品，就更要损失惨重了。所以，鉴别和田玉手串的真假应该按以下几个方法进行：

1. 看颜色：和田玉手串虽然被分为白、黄、碧、

和田碧玉手串

和田碧玉手串

墨、青五种颜色，但在质地相近的情况下，黄玉较次，依次青白、青玉、碧玉、墨玉则更低一些。最好的当数颜色白润的羊脂玉，鉴别时可将其放在灯光下细看，不论哪个角度，温润的白色都带有油脂般的柔和感，而且，这种颜色不会因为角度的不同有所变化。如果你发现羊脂玉颜色白而呆滞，又闪现玻璃般的凌厉光芒，则有可能是假货。

2.看油质：和田玉以油润著称，真正的和田玉应该细腻如油脂，周身滋润，白色如羊脂或者猪油，黄色则如鸡油。其质紧密，透明度不高，油质由内而外，并不浮于表面，用20倍的放大镜可以看到玉质表面有细小的凹凸。所以，过于光滑而无油润感的有可能是假品，应该谨慎对待。

3.看光泽：和田玉的光泽不是很亮，在光线的反射下也不会耀人眼球。温和是和田玉的重要特征，一块真正的和田玉必定"精光内蕴"。因此，在鉴别的时候要看和田玉的光泽是不是含蓄温厚，对光泽分外张扬的和田玉要倍加小心。

4.看纹理：和田玉纵然细腻，但依旧有属于自己的脉理，用肉眼观察，可以看到玉内细密的小云片状花纹，或者如雾状花纹。正是这细密纹理的存在，和田玉才会晶莹但不通透。如果一块和田玉明亮而无纹，内无一丝脉理，则要小心它是假品了。

5.看皮:皮为和田玉子料的重要特点,同时也是鉴别和田玉子料的依据。子料真皮渗透入内,与玉质内部过渡极为自然,表面还有细小的凹凸感,行家都称其为"毛孔"。如果皮色只浮于表面,呈薄薄的一层,且颜色格外鲜艳,则说明是人工染色的假皮。这种假皮多来自于滚筒内的染色处理,没有玉质本身的毛孔,颜色薄而浮。真玉作色,为次生品,若假玉作色,就毫无价值了。

其实,还有一种比较简单的鉴别方法,那就是用利器划刻。真正的和田玉坚硬不吃刀,普通刀具根本不可能在它身上留下任何划痕。不过,此方法更适合买回家中的和田玉鉴定,若在商店,则不适宜用此法,因而不推荐。

◎ 和田玉手串的选购

想要在众多的和田玉手串中,挑一串品质完好,又收藏价值较高的需要有一定的选购技巧。不然,很容易被商家忽悠。一般情况下,和田玉手串被分为原石、打磨和雕琢三种,选购技巧也并不复杂,主要还是买的时候保持沉稳。

原石手串这样挑

原石即为不经雕琢的子料,用原石做成的手串,最大的特点就是串珠的外形规则每颗都略有不同,如果串珠原石都大小一致,颜色相当,就要警惕人工伪造的可能。

青花和田玉手串　　　　　　　　和田玉手串

和田玉带雕工手串

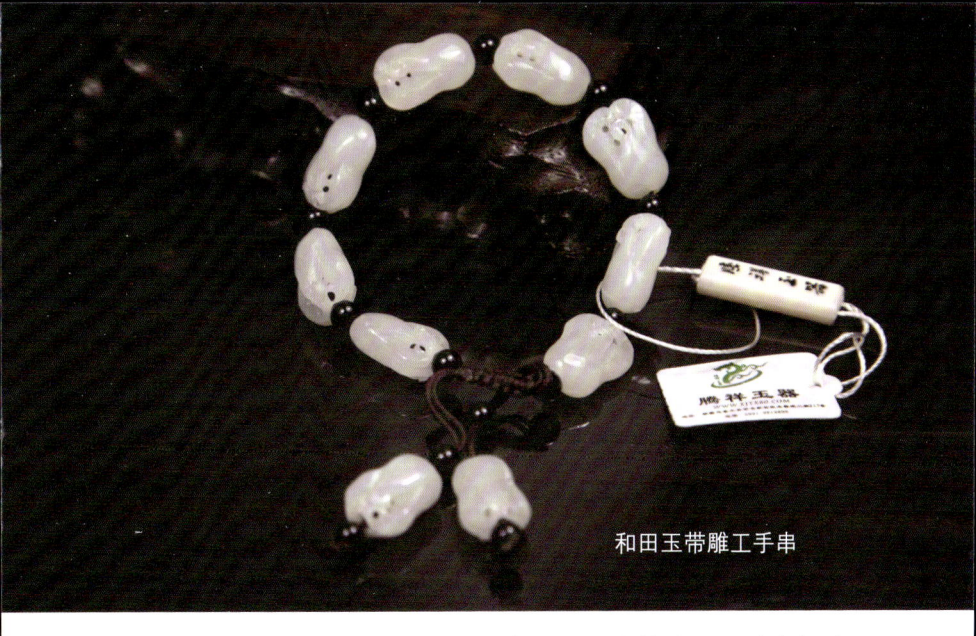

同时，原石手串的完整与否非常关键，完整的原石手串相对于有切割痕迹的手串，价值上要高出很多。因为原石的收藏价值就在于"天然"二字上，失去了天然的原生态美，也就失去了原石的味道。

另外，原石手串要尽量选购带皮色的，比如有的子料上带有一层淡黄或者深红，甚至芦花、黑纹等，这是行家眼里的皮色子玉。一直以来，有皮色的和田玉要比不带皮色的贵很多，而且皮色越是自然、生动，越是价格高昂。但选择皮色子玉要谨防人工作色，现在人工染色方法多样，一定要慎之又慎。

打磨手串重纹路

和田玉打磨手串的重点就在纹路上，这不是和田玉天然的纹理，而是打磨成珠时的磨砺纹路。玉质本身坚硬，容易因磕碰而开裂，因此，行家才说"十子九裂"。在打磨的过程中，就更加注重手法。

完美的打磨和田玉珠应该纹路呈现纵向，而不是横向的纹路。这样的珠子更显颗粒饱满之态，光泽亮而不利。一般，选购的时候，只需拿起手珠举于自然光线中就可以观察得出来。

另外，打磨的手串有一个好处，可以回避玉中的瑕疵。虽然不是要求每颗珠子都十全十美，但相对含有杂质、瑕疵越少的玉珠，价格上也就更有升值空间。因此，选购时只需注重杂质、瑕疵尽量要少就可以了。

雕琢手串看细节

和田玉雕琢手串除了外观寓意繁多之外，也格外彰显工艺技巧。所以选购雕琢手串的时候，要看它的雕琢题材，比如五子登科、八仙过海、花开富贵等，都为手串自身赋予良好寓意，你只要选择自己喜欢的就好了。

和田碧玉手串

看好题材,则要细看手工,人物是不是栩栩如生,刀工是不是流畅自然都非常有讲究。一串手工粗糙、形象呆滞的雕琢手串,会在收藏方面价值锐减。

最后,手工到位的基础上还要看雕琢内容的难易度,通常,手工难度越大的,成功率越低,而价值上则会更高一些。相反,手工难度一般,不能体现工艺水平,那就不如原石有意义了。

◎ 盘玩与保养

盘玩和田玉手串是玉器收藏者的一大乐趣，看着串珠越来越润泽晶莹，成就感非常强。但是，盘玉的讲究很多，如果盘法不当，有可能将美玉毁于一旦。清朝的大收藏家刘大同就认为，盘玉可分为文盘、武盘和意盘。

文盘：就是将手串装在一个小布袋里，装在贴身的口袋中，走到哪里都随身携带。这样做的目的是为了让玉串与自己的体温达成恒定，一年之后，再上手不断盘摸，直到串珠呈现温厚、润泽、晶莹之色。这个过程一般需要3~5年，甚至更长的时间，非常考验收藏者的耐心，但盘出来的玉质格外与众不同。

武盘：武盘比较好理解，就是通过不断把玩，以尽快达到玩熟的目的。通常，经销玉器的人会喜欢这种手法。盘之前要先进行佩戴，一年后玉的硬度呈现，然后将其包于白色旧布中，每日不断摩擦，致使玉串升温加热。磨一段时间之后，再换白色新布继续摩擦，直到温热将玉中的灰土逼出来，提亮光泽就基本完成了。武盘一般需要1年左右的时间，中间要非常小心，否则容易将玉毁坏。

意盘：玉盘是古人常用的方法，持有人将玉串拿在手上，一边细细盘摸，一边闭目思忖玉之美德。这样玉串得到了良好打磨的同时，盘玩者也从玉中吸取美德之精髓，思想境界得到提升，达到修身养性之效。这应该说是一种精神上的升华，将盘玉视为了修心的过程。

但不管采用哪种盘玩方法，过程中都应该禁忌温度忽高忽低、忌摔、碰、磕等问题，更要与酸、油类的污渍隔开。否则，再好的玉料也难以盘成。同时，和田玉手串在保养过程中也是如此。

首先，与硬物不能碰撞。虽然和田玉的硬度很高，但容易因碰撞而开裂。也许肉眼很难看到裂纹，但其内质结构却早已受到破坏，这也就降低了收藏的价值。

其次，保持干净。玉串不要沾染灰尘，经常用软布、细毛刷进行清扫、擦拭为宜。另外，放进清水中冲洗也很可取，但不能用有化学制剂的液体，以免损伤玉串的色泽。

再次，香水、化妆品等最好都不要直接与玉串接触。在盘玩过程中，香水、化妆品等物质对玉料的转化无益，甚至会改变玉质。不过汗渍可使玉串越来越温润，无须忌讳。当然，如果你的手串为羊脂白玉料，而且是新料，就要另当别论了，因为汗渍中的盐分会损伤玉色，使其变黄。

最后，和田玉手串不佩戴的时候，应该收进布袋中，如此不但能保持手串光泽，还可以避免滚动，或者与其他首饰摩擦。

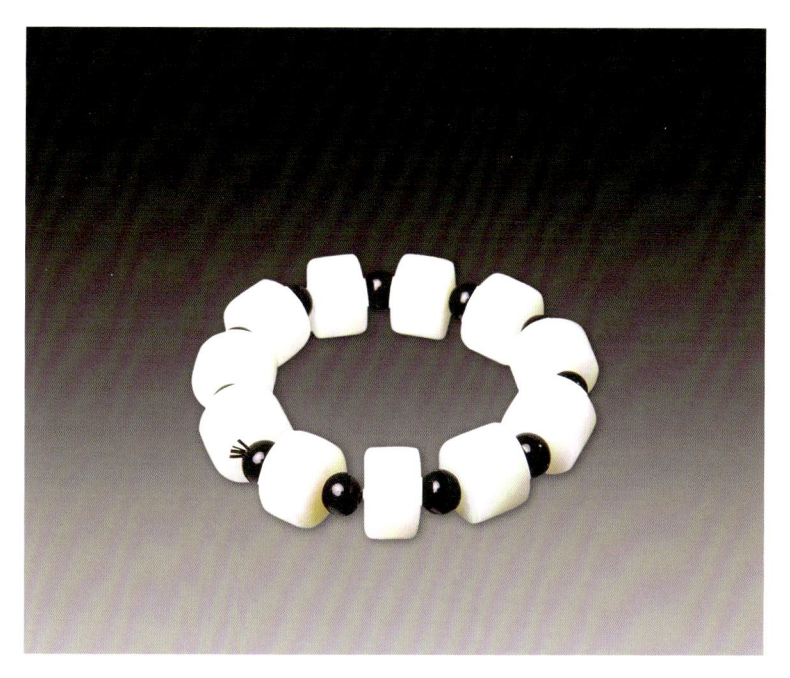

和田玉桶珠手串

碧玺：落入人间的彩虹

碧玺又称托玛琳，是产于巴西、斯里兰卡、马达加斯加等国家的电气石。它有着非常高的硬度，透明至不透明，玻璃光泽。碧玺颜色非常多，粉色、蓝色、黄色、绿色、玫瑰红色等，其色艳丽、多变、透明度又高，被人们称为"彩宝至尊"或者"落入人间的彩虹"，深深吸引了一大批追逐者进行购买和收藏。

◎ 碧玺的鉴别

碧玺不但外观好看，更被赋予了很多神奇的功效，比如调理人体健康等。正因如此，碧玺的市场行情也一路上涨，引来不少商家的追捧。如此，掌握几个鉴别碧玺的小方法就变得非常重要，能帮你辨明真假，避免上当受骗。

碧玺

碧玺手串

此手串颜色多样，通透度较高，珠粒中可见到棉絮状包裹体。

看内质

虽然碧玺不像钻石、玉石一样要求内质纯净无瑕，但也会以净度高的为上品。一般碧玺内部越是杂质少、瑕疵少的，其等级就越高，含有气泡和裂隙的则更次一些。但如果碧玺内部纯净到无一丝杂质，或者无一点冰裂，那又要格外小心了，有可能是仿冒碧玺。

看颜色

碧玺以色彩丰富著称，颜色上自然就格外繁多。在鉴别碧玺等级的时候，可以分为单一色或者双色、三色等。单一色的碧玺中，大红色、绿色、蓝色、玫瑰红色等色品级相对较高，粉色、黄色较差，而没有颜色的最次。多色则又分单晶体、多晶体，一般单晶体多色的碧玺等级比较高，比如单晶体双色、单晶体三色等级较高；多晶体多色则较次一些。

碧玺手串

此碧玺手串珠粒光洁匀称,透明度高,颜色丰富,其中不乏蓝色碧玺珠粒。

看透度

碧玺虽然有色,但却晶莹剔透,如同水晶一样有着透明的质地。所以,越是透明度高的,等级就越高,而有着不透或者朦胧感的则较次一些。绿色碧玺中又会出现针状包裹体,呈现猫眼效应,这便是碧玺中的上品了。如果有明显变色的碧玺,那则为碧玺极品,极为难得,其变色多为棕红与黄绿色,两者变换奇异灵活,透明度高。市场上有仿冒的变色碧玺,但其变色非常呆滞不灵活,色泽不通透,与真碧玺无法相比。

◎ 碧玺手串的选购

碧玺向来是女性喜欢的手串材质首选,只是碧玺价格不菲,而且以次充好、以假乱真的现象时有发生。这就要求消费者在选购时学习几个必要的知识点,做到不捡漏,不贪心。

必备工具：放大镜

放大镜是选购碧玺时的有用工具，通过放大镜，可以看出碧玺是不是有染色、热处理等问题。如果在放大镜下看到碧玺裂隙中有色素沉淀，则说明这是经过染色的碧玺，购买时就要特别小心。而如果在放大镜下看到碧玺中原生气泡的边缘有放射状须纹，这时双色与多色颜色过渡的地方，往往会出现波浪状的纹理，那就是经过了热处理优化的碧玺，价格上与碧玺原石有差距。

清水检测

将碧玺手串放进一盆清水中，看它是不是边缘颜色深于中间，如果是，就说明是经过颜色扩散处理的碧玺，品质不足。

价格

不是所有的碧玺都值钱，不要用价格来衡量碧玺手串的品质，真正好的碧玺可能是普通消费者买不起的，但一般中、低档的碧玺却并没有想象中的贵，不要被商家忽悠了。碧玺本身被划分为高、中、低三个档次，除去高档次的天价碧玺之外，中、低档都普遍可以让人接受，只是要从碧玺颜色、透明度、品质上来进行鉴别，才能让你买到物有所值的碧玺手串。

碧玺手串

绿色碧玺原石　　　　　　粉色碧玺原石

切工

古代碧玺与现代碧玺最大的不同在于切工上，购买古碧玺的消费者可以根据切工进行分辨。明清时期在切割碧玺时用的是线条型以及枣核状的铊具，它所切出来的碧玺远没有现在这样多面而且平整。因此，现代碧玺与古碧玺的不同就在于切工精致上的表现。

大小

相对来说大颗的碧玺珠子肯定比小珠子要贵，这是碧玺手串标价的重要条件。只有全面进行综合考量，才能买到称心如意的碧玺手串。

◎ 保养与盘玩

碧玺在保养方面注意比较多一些，特别是保存方面，如果处理不到位，极有可能造成碧玺品质的损伤。

首先，碧玺硬度虽然高，比较抗腐蚀，但韧性很小，非常容易产生裂纹，甚至碎掉。在存放的时候，应该将它单独放在一个首饰盒中，下面衬以海绵垫，减少与其他首饰的碰撞和磨损。

其次，在运动或者做体力劳动的时候，应该将碧玺手串摘下来，这样能大大降低受磕碰或者碰撞而产生的碎裂。同时，也最好不要与其他硬度高的手串戴在一起，以减少碧玺受伤害的机会。

再次，每月为碧玺手串进行一次清洗，以清水浸湿毛巾，对手串进行擦拭即可，这样能去掉附于表面的灰尘和泥污，帮助保持碧玺的透明度和颜色美观度。

最后，除了清洗碧玺，每三个月最好用食盐加水，进行一次不低于4个小时的浸泡，这样能有效地去除碧玺佩戴所产生的油渍、汗渍以及包浆。能使手串保持光洁如新的外观，同时也减少佩戴者的卫生隐患。

碧玺手串

清中期·蓝碧玺18子念珠

南红：长寿之石

南红是玛瑙中的尊贵品种，主要出产于云南、四川等地。它艳红如血，质地细腻，做出的手串极为漂亮，被古人称为赤玉。论及玛瑙的起源要倒推回到一亿万年之前，由于历史悠久，它有着长寿之石的美称。

保山南红玛瑙手串

◎ 南红的鉴别

因为南红手串的名贵，引得不少非法商家花大力气进行模仿和造假。如此，市场上南红手串的品质也就变得格外复杂了。想要鉴别南红手串的真假，以下几个方面至关重要。

看颜色

南红最常见的颜色为正红、柿子红、玫瑰红三种颜色，其次，市场上还有紫红色，不过难得一见。在对颜色进行辨别时，可以纹路为主，因为它通常会带有由红到白渐变的纹理，特别是云南保山产的南红。一般情况下，这种纹路十分锐利，转折处有着明显的角度感，为红白分明的样子，不带任何杂色。当然，除了白色纹路，有时也会有黑色或者深绿色，但不多见。

看质感

南红富有胶质感，哪怕是正红的珠子，也不会透明。肉眼看上去，可以感受到它通体的油润，仿佛有一种朦胧的雾感覆盖。就算是无色的珠子，也不可能透明，更不会有锃亮的抛光面。未经把玩的南红珠表面甚至有些干涩，那种光亮明显的，要么是新工珠子，要么就是假货。

看风化纹

风化纹是经过了日久天长的风化，在南红身上形成的长短不一、粗细不同的岁月痕迹。越是年代久远的南红珠，风化纹就越明显。但这种风化纹不会影响南红的质感以及光泽，人工造假的南红珠，深处则没有光泽性，即月芽形内部无光亮感。另外南红的自身纹路比较清晰，于细纹之中透着一定的光泽度，不会出现粉末状或者杂色的现象。如果在纹路的裂纹中有杂色沉积或者是有粉末，则说明是假南红。

老南红看孔洞

对老南红手串进行鉴别，则要注意串珠孔洞及珠形。老南红的孔很有特点，它不会出珠之后再打孔，而是打好孔才出珠。加之时间的推移，孔洞边缘变得十分光滑，带有包浆。如果在孔内发现螺旋纹状或者是有粉末，那就有可能是新工或者非南红了。另外，老南红的珠形多为南瓜形、橄榄形、圆形、片形，多会呈现6棱、8棱或者12棱等外观，不会每颗都大小一致。

老南红玛瑙的风化纹

老南红手串

◎ 南红手串的选购

南红手串名贵，在购买的时候就要格外注意品质。所以选购南红手串，需要相对完善的知识。一般从以下几个方面来把关，基本可以买到称心如意的南红手串。

选颜色

好的南红虽然不都是红色的，但红色肯定要在等级上高于其他颜色，其次才是柿子红、玫瑰红等色。因此，选购手串的时候，要尽量选择明艳、饱满的正红色串珠。如果红中偏黄，则为柿子红，如果偏紫，则为玫瑰红，它们都不如正红色名贵。

选品质

虽然南红并不会透明，但也要避免绺裂。其实在南红原石中，绺裂情况很严重，特别是云南产的。自己在选购的时候，可以借助强光手电进行观察，绺裂过于严重的，就要考虑放弃，因为会降低南红的价值。另外，要同时关注串珠中的色带。对南红原石来说，色带在雕刻产品中会更有意义，如果是串珠则不建议选择有色带的。

选珠形

南红手串自然是以珠圆玉润为上品的,因此,串珠越是规整、大小均匀才越显品质。只不过,鉴于南红自身小料多、瑕疵多、质地脆的特点,正圆的珠子几乎不多见,特别是手工打磨出来的南红串珠,多少都会有所差别。那些颗颗一致,又完全没有区别的珠子多为机器打磨而成,不如手工的价值高。所以,在选购的时候,不要被正圆、完全一致的手串迷惑,手工打磨的南红手串也别有风味。

南红玛瑙算盘珠手串,这串手串满色满肉,达到柿子红级别,包浆莹润,配以缠丝玛瑙,古朴之气扑面。

联合料精品南红新料手串

选纹理

  串珠中的纹理不可避免，通常可见于缠丝状和火焰状两种。缠丝状纹理多是红白相间，但价值却远没有火焰状纹理昂贵。火焰状纹理酷似火焰，多见于四川产的南红料中，颜色艳丽而且形象。因此，选购南红手串以火焰纹理为上品，其次为缠丝状纹理。

◎ 保养与盘玩

  买到了上好的南红手串已经非常幸运，如果因为保养不好而贬值，那就有些可惜了。所以，南红手串的保养方法必须要到位。

  第一，南红手串不能接受太阳的直接暴晒，长期被阳光直射，会让南红手串内的水分有所减少，从而影响手串自身的光泽度。

  第二，南红不怕水，平时可以经常将它放在水里进行清洗，或者是放到水中浸泡一下，这可以让手串的颜色更鲜艳，同时又增强了洁净度。

第三，南红手串怕碰撞，不可以与其他硬性的手串混戴，以免造成手串裂纹和磨损。就算是收存的时候，也要单独装进布袋，然后放在环境相对湿润一些的地方。长期处于干燥环境中，会让南红失去水润感。

第四，南红手串要避免与化学试剂等接触，就算是香水类的化妆品，也会腐蚀和影响它的鲜艳与光泽。

南红手串也是需要用心盘玩才能油亮水润的，而盘玩的方法又可以分为不同的几种，每个人可以根据自己的个性及性格，对它进行不同的盘玩。

文盘

所谓文盘就是用最好的耐心与南红进行接触，给它皮肤的恒温，从而对其进行滋养。可以经常将它放在手里进行捻搓，每日不离于身，一直戴在手上，这样经过3～5年，南红的包浆才会呈现。但这个方法用时较长，需要非常有耐心才行。古人说盘文玩即为盘心，说的也就是这个意思了。

冰飘南红玛瑙手串

保山南红算盘珠手串

武盘

相比文盘，武盘就要快得多了，这是很多南红经销商最常用的方法。他们会对南红手串进行不间断的盘玩，不管什么时间什么地点，只要条件允许就会将手串放在手上进行盘玩，为的就是以最短的时间让南红包浆、上色。不过，武盘也有一个问题，那就是可能因为急于求成，会经常产生珠子与珠子之间的碰撞，或者盘玩不匀，从而损伤了南红手串的品质。

意盘

意盘是古代很多名家才会用到的盘玩法，他们往往是一边欣赏南红手串的美，一边让它慢慢在手中移动辗转，就好像珠子因为主人的精神而得到了不同的思想，从而达到古人所说的物人合一的境界。这种盘法虽然不错，但如今已经很少有人用到了，这是快节奏生活状态中难得一见的悠闲盘玩法。

绿松石：吉祥成功之石

绿松石又被称为土耳其玉，它的成分为铜与铝的含水磷酸盐物质，颜色有绿、蓝、浅黄等，其中蓝色为高级品种。在西方国家，绿松石是"十二月生辰石"，代表着成功与胜利，被誉为成功之石。人们普遍认为，佩戴绿松石可以获得成功与吉祥，所以多年来深受中外人士的喜爱。

带配饰108子绿松石念珠

◎ 绿松石的鉴别

绿松石的鉴别不同于其他玉石，不能单独看它的纯净与透明度，更不能看它的硬度与纹路，因为它硬度一般，不透明，有纹线，光泽度很低。想要看绿松石是不是真实材质，还得从以下几个方面来鉴别。

首先，天然的绿松石含有蓝、绿色调，不透明，会有白色斑点。而最为重要的一点则是它会带有褐黑色的铁纹状，这是因为绿松石所含的铁离子所致。一般含铁离子越多的松石本身颜色就会越绿，相反，如果铁离子少，颜色则更趋于蓝色，只不过上面都会具有黑色或者棕色的网状线形，我们称其为铁线。不带铁线的绿松石极为稀少，难得一见。

原矿精品无铁线丫角山绿松石108子念珠

老绿松石手串

其次，绿松石为隐晶质致密块状性质，硬度只有摩氏5~6，性质偏脆，容易产生裂纹。但它的表面非常像瓷器质地，并有明显的粒状结构，而且含有蜡状光泽，呈亚光色。光泽太亮太透的，都应该警惕是不是人为或者造假。

绿松石108子手串

再者，绿松石表面含有孔洞，可通过放大镜进行观察，如果质地结构细密而无孔的，那很可能是玻璃或者其他产品的假冒。这种假冒品往往带有气泡和旋涡纹，断口呈现贝壳状。有人在鉴别绿松石真假时，会滴一滴盐酸在石面上，发现它没有变化，就说明它是假的人造绿松石。因为绿松石中的铜盐会被盐酸溶解，滴上之后肯定会掉色。但这种方法有损绿松石品质，不建议使用。

最后，绿松石本身性脆，在打磨、加工过程中容易破碎。一般市场上会通过对质差的绿松石进行注蜡、注塑的方式，增强绿松石的耐受度，连颜色也被提升。虽然它是绿松石，但却与天然品差别悬殊。

◎ 绿松石手串的选购

市场上的绿松石从几十块到几千块甚至几万块不等，这是由其品质的不同所决定的。但有些商家就会抓住消费者想要求得完美品相的绿松石的心理，而用其他产品来代替，伪造假的绿松石售卖。在选购绿松石手串时，一定要用心挑选，以免被人鱼目混珠。

1.绿松石的颜色分成四个等级,其中天蓝色等级最高,淡蓝、绿蓝次之,其他颜色则更差。选购手串时要看绿松石的颜色,天蓝色的为一级品,又称波斯级,蓝色纯正、均匀,有半透明的柔和感,表面很像玻璃,没有铁线。这种绿松石产量极少,不要轻易相信市场上大批出售的无铁线天蓝色一级绿松石。二级品是浅蓝色,颜色虽然艳丽,但光泽感暗,可无铁线,会有蜘蛛网花纹。三级为埃及级,可以是绿蓝色,也可以是蓝绿色,质地虽细,但疏松多孔,铁线也比较多,而且在淡色底子上有深蓝色的斑。最后一级就是黄色的,或者黄绿色,光泽很暗,铁线密布,价格相对较低。

2.选购绿松石手串时,闻一下气味,如果带有淡淡的泥土臭味,那很可能是三水铝石的替代品,它比绿松石更有光泽,只是极易碎裂,密度与硬度都比绿松石要低。而如果发现手串透明度明显高出绿松石的亮度,不要相信打蜡的说法,它有可能是硅孔雀石,这种石头的折射率、密度以及硬度都比绿松石低。

各种规格的绿松石手串

清·金镶绿松石手串

3.绿松石在进行加工的时候,多会采取优化处理的方法,这样可以将质量并不高的绿松色在颜色以及光泽上进行提升。选购手串的时候,应该注意这一点,光泽太亮的,颜色又非常规则而缺少自然形态的,都有可能是经过了优化处理的;它们本质上并不一定这么优质,有以次充好的嫌疑。

◎ 保养与盘玩

绿松石本身并不好保养,特别是那些没有经过优化处理的绿松石,更容易变旧,或者光泽减淡,这也是很多商家会对绿松石进行优化的原因之一。所以消费者自己在进行保养的时候,就要特别用心了。

绿松石怕热,不能直接用火烤,也不宜在阳光下长期暴晒,这会使绿松石褪色、开裂、炸开。有很多银器镶嵌绿松石出现了开裂的现象,是因为银的导热率高,使得绿松石不能承受高温而开裂。

佩戴绿松石手串时,不要将它与其他硬性首饰一起佩戴,也不要让它与硬物进行碰撞,因为绿松石硬度低、脆性大,会引起开裂。

清洗绿松石不能放进超声波清洗机，这样不但会让绿松石褪色，还会因为超声振动导致绿松石表面的损伤。

绿松石表面有孔，会吸收其他液体，从而改变自身的颜色。所以绿松石不能直接接触带有化学成分的肥皂、香水等产品，甚至连茶水、酒精都不能接触，不然很有可能会引起颜色的减褪。

绿松石只保养的好还不够，还要得到适当的盘玩，才能更加漂亮、有光泽。盘玩的方法通常采取手掌直接揉搓即可。不过，在盘玩过程中，应该注意一个问题，那就是汗渍的处理。因为绿松石孔隙大，汗渍会随着盘玩渗入其中，如果得不到良好的处理，就很可能会形成色渍，也就是所谓的盘花了。

盘玩绿松石的时候，应该洗净双手，夏天天热时尽量不要去碰触，在手心无汗的情况下，对手串进行耐心的盘玩，将自己手指的油脂传递给绿松石，就可以养出湿润如玉、色泽饱满的绿松石手串来了。在盘的过程中，手串于待变色又未变色的时候，会表现得很不好看，这时一定要坚持盘下去，等到手串真正盘出来，那外观就完全不同了，不但成色更好，质地也会随之上升。这就如同蜕变的一个过程，心急或者中途停止盘玩，都会降低绿松石自身的美感。

原矿绿松石桶珠

琥珀蜜蜡：波罗的海黄金

琥珀蜜蜡外形不同，但实际上属于相同的物质，在国外统称为Amber（琥珀）。应该说蜜蜡是琥珀的一个品种，不透明的琥珀即为蜜蜡。它也是由树脂形成，不过比琥珀需要的时间更长，因此非常珍贵，一般价高于琥珀。它主要产于波罗的海，红色最为珍贵，虽然并不透明，但却油亮细润，价值极高，有"波罗的海黄金"之称。

琥珀108子念珠

◎ 琥珀蜜蜡的鉴别

鉴别琥珀蜜蜡虽然可从颜色、质地等方面进行，但却还需要一些额外的手段，才能得出蜜蜡真假、优劣等方面的信息。一般可用以下几个方法进行判断：

试手感

琥珀蜜蜡为有机宝石，温度上相对温和，夏天不热，冬天不凉，如果出现冰感或者是温度随体温快速上升的情况，那有可能只是玻璃、玉髓等仿制品。

盐水法

琥珀的密度比盐水要小一些，在清水中加入足够量的食盐，一般盐与水比例为1：4，溶开之后，将琥珀蜜蜡放进去，如果它不能漂起来，那就说明是假的或者品质不佳，比如内有大量杂质的就没有办法漂浮在水面上。

看质地

放大镜下看，琥珀蜜蜡中有一定的气泡，而且多为自然圆形，如果发现气泡为长扁状，那就是人工压制琥珀。同时，爆花琥珀中会带有好看的荷叶鳞片，折光度很强，具有花纹感。如果不符合这两种情况，那只能说明琥珀的品质并不高。

闻香味

琥珀蜜蜡是树脂形成,它会带有一点淡淡的香味,但这种味道并不浓郁,一般不带皮的甚至很难闻到香味。如果对它进行摩擦后可以闻到浓郁的香气,则要小心是不是遇到假琥珀了。

摩擦法

真正的琥珀在进行摩擦之后是会起静电反应的,所以在鉴别时可以将琥珀蜜蜡在化纤衣服上进行摩擦(衣服不能是纯棉材质),然后看它能不能吸起碎小的纸屑,如果可以,那就有几分可信度了。

紫外线

鉴别琥珀时,不妨拿一个验钞机,将琥珀蜜蜡放在验钞机下,看是不是会有荧光出现,其质地是不是明显透明;如果有荧光又很透明,这就说明是很不错的蜜蜡了。但要注意,测试时不应该在强光下进行,不然效果会不明显。

墨西哥蓝珀

◎ 琥珀蜜蜡手串的选购

对于消费者来说，选购一串琥珀蜜蜡手串并不是那么简单的事，除了要在真假方面用心，在品质方面也要多加留意，只有选到真正适合自己的手串，才会物有所值。以下介绍一下在选购蜜蜡手串时，应该注意的几个问题：

1.蜜蜡有新、老之分，越老的蜜蜡其油性越足，如果是带皮的珠子，多在手中盘玩一会儿，甚至可以感觉有香味沾到手上。同时，老蜜蜡的珠子多为桶形，手工制作，孔口多不规则，边缘甚至有磨损。这些无疑都是上好蜜蜡的特征，只不过价格也绝对高，应该视自己的消费能力而定。

2.蜜蜡以红色（又称鹤顶红）为贵，但它不是深暗色的红，而是如同果实成熟时的样子；其次就是黄色、金黄色，偶尔也有珍珠白的颜色，白蜡虽然不红、不黄，但却因为稀少而名贵，选购时可以根据自己的爱好进行选择。

3.好的蜜蜡手串，可以在放大镜下看到里面柔和但不规则的纹路，表面则有着贝壳层状，如果发现纹路呆板，或者毫无纹路可言，那只能说是假的蜜蜡。看完纹路，可将珠子放在手中轻轻揉动，真的蜜蜡串珠相碰撞时，会发出低而略显沉闷的声音；如果声音很清很脆，那就只能三思而后买了。

多宝琥珀手串

4.好手工代表着高价格,因为蜜蜡的密度很低,摩氏硬度只有2~3的样子,在切割和抛光的时候特别考验工艺,稍不小心就容易毁坏。另外,抛光如果不到位,珠子的光泽也就很难饱满而丰富。所以好蜜蜡还要配上好手工,才能提升手串的价格。

5.珠子大小决定价值,不同的串珠大小,重量会直接影响价格,越是大颗的,重量沉的,才是越有收藏价值的蜜蜡串珠。选购时可以戴在手上,轻轻转动手腕,感觉它沉甸压手,同时观看它的光泽,如果这些都满意了,就不失为一串好的蜜蜡手串了。

◎ 保养与盘玩

天然琥珀蜜蜡手串如果能得到良好的保养,它的品质会不断被加强,同时,更会因为时间的推移而提升价值。所以保养是对珠宝应有的尊重,也是对收藏的敬畏之心。

一般情况下,琥珀蜜蜡手串应该有单一的盒子或者空间进行放置,它的密度小,硬度自然也低,如果与钻石、白金、玛瑙等首饰放在一起,很容易受到摩擦而产生刮痕。同时,琥珀蜜蜡手串很怕摔,会出现裂纹,所以一定要注意轻拿轻放。

龙眼菩提配蜜蜡手串

其次,琥珀蜜蜡是不抗高温的,它不能长时间放置在温度过高的地方,比如阳光直射处或者暖炉边等。同时,空气也不能太干燥,空气太干的话,琥珀蜜蜡会产生裂纹,这是严重损害手串价值的。

藏式老形花白蜡手串

最后，保养琥珀蜜蜡手串最好的方法是长期佩戴，这样手串可以通过人体的油脂得到滋润；但佩戴的时候不宜与香水、酒精、指甲油、汽油等液体进行接触。当手串表面被汗渍以及灰尘包裹，失去应有的光泽时，可用温水清洗，以细毛刷轻轻打磨，然后用柔软的毛巾擦去水分，就可以恢复它应有的光泽了。

琥珀蜜蜡手串长期佩戴会更加明亮，其实就是一个盘玩的过程，所以自己在盘玩手串的时候，应该严格回避汗渍、香水等液体。而新的手串盘玩，则要先开皮，这可以让手串的光泽更加好。开皮时可用搓澡巾对着手串进行轻柔、细致地打磨，至少要打磨半小时。然后，手串放在搓澡巾内不要去动，放两天再打磨一次，这样反复几次，发现手串珠变得光滑了，就证明开皮完成了。

开皮完成之后，就是日复一日的盘玩，通常用手指对串珠进行捻揉就很好，但不要因为急于求成而用砂纸打磨，这会破坏手珠的光泽和表层油性。盘两天停两天，然后再清洗一遍，继续盘一周，再清洗，再盘一个月，以此方法周而复始。这样边盘边清的过程可以让手串的包浆均匀而通透，而且手串的颜色也更加漂亮。

红珊瑚：千年灵物

红珊瑚是有机宝石的一种，因其有生命的生长特性而被称为"千年灵物"。天然红珊瑚对海域、环境等条件要求很高，而且生长极为缓慢，不具有再生性。各地珊瑚市场虽然行情火暴，但依旧量少物稀、供不应求。对于爱好珊瑚的人群来说，能求得一块品质、颜色以及卖相都好的红珊瑚实属不易，除了经济能力之外，还要讲究各方面知识的认知。

红珊瑚活料单圈手链

108子红珊瑚配美国睡美人隔珠手链

常见的红珊瑚有阿卡、Momo和沙丁三个品种。阿卡是珊瑚中最好的品种，光泽好，色泽深，多有"牛血红"的优质品种出现。阿卡珊瑚唯一的缺点是有白芯，而这也恰恰是阿卡珊瑚的鉴别要点之一。Momo珊瑚块体较大，可做雕刻和圆珠，同样，白芯也多出现于Momo珊瑚上。值得一提的是，粉红色的Momo珊瑚，产量稀少，非常受欧美人的喜爱，也比较名贵。沙丁珊瑚的优点是没有白芯，颜色也可以媲美阿卡珊瑚，但是沙丁珊瑚生长环境深度较浅，光泽度等各方面都不及阿卡珊瑚。

◎ 红珊瑚的鉴别

红珊瑚向来以色红、生动为美，但这并不是鉴别红珊瑚的唯一标准，因为现在的造假技术已经非常成熟，如果仅仅从颜色上来看待真假，你很有可能会买回玻璃、塑料甚至是粉末制成的珊瑚仿冒品。所以，到位的鉴别应该包括颜色以及以下几个方面。

颜色

红珊瑚自然是以红色为尊，但它的红却不是浓而不化，郁

沙丁红珊瑚手链

结死沉的红，而应该是不拘深浅，灵活有光泽的红色；这种红不仅红得通透，还有一定的蜡质感，一眼看过去有一种油润的柔和相。

纹理

红珊瑚是经历了漫长的时间生长而成的，它由一只又一只的珊瑚虫组成，其纹理特征明显。珊瑚虫之间排列紧密，使得珊瑚表面呈现出平行纵纹样式。如果是一段红珊瑚植株的横截面，可以发现如同树木年轮一样的环纹。

重量

珊瑚形成的过程缓慢，其密度又高，所以有着一定的重量感。在珊瑚身上，人们往往会产生错觉，即表面看着柔而娇嫩，但放在手中却沉甸甸的。现在很多用塑料、玻璃等仿出来的珊瑚没有这种重量感，因此多上手对比一下，掂一掂分量，就可以掂出珊瑚的真假来。

声音

鉴别珊瑚时,不要因为它柔弱的外观而对其不敢下手,其实它内质并不是如外在表现的这样娇嫩,拿起两颗珊瑚串珠进行轻轻碰撞,可以听到清脆带有硬朗感的声音。这是其他塑料或者是粉末等仿制品不具备的。

◎ 红珊瑚手串的选购

佩戴红珊瑚手串具有养生的功能,选购红珊瑚手串的时候,一定要讲究方法。

不以颜色为主要衡量标准

一是真正的红珊瑚价格高,数量少,想要买到并不容易。其次,红色的珊瑚虽好,但其他颜色也并不都代表低等级,比如粉色的"孩儿面",也是价值不菲的红珊瑚品种。在选购时,可以根据自己的爱好来挑选,更不容易让商家钻空子。

红珊瑚手串多被染色

这是人们大肆追"红"的心理所导致的后果。很多不法商家经常会给白珊瑚,或者是品质不高的珊瑚进行染色。选购时要看珊瑚的纹路以及裂缝处,是不是会出现外深内浅,表里不一的色差感,同时用棉签蘸点丙酮,轻轻擦一下,如果掉色,那就是染色珊瑚无疑了。

沙丁米粒形红珊瑚配蜜蜡108子佛珠手链

允许珊瑚有一定的瑕疵

一株珊瑚在海底的生长周期为几百上千年，在这个过程中，海水可能会发生污染，地壳可能会发生变化，珊瑚怎么可能不受到影响呢？所以，有些珊瑚中可见小裂缝、小斑点之类的瑕疵，是非常自然的现象。倒是那些完美、红透、毫无瑕疵的珊瑚让人怀疑它的真实性。

最后，选购好颜色，看过品质，不要忘了看珊瑚珠的质地，好的珊瑚必定是质地细密，润而不滑，如果你发现自己手中的珊瑚珠表面光滑，但内里却有粗糙感，比如产生气泡、纹理生硬不自然等现象，那就是被填充或者玉石仿制的了。

◎ 保养与盘玩

红珊瑚手串名贵，保养起来就要更加当心一些，只有到位的保养，才会延长红珊瑚的使用寿命，增加它的收藏价值。

沙丁红珊瑚单圈手链　　　　　　　　　Momo红珊瑚配翡翠佛珠手链

108子沙丁佛珠手链

1.红珊瑚不怕水，但怕与化妆品、香水甚至是油、盐、醋、酒等液体接触，这是因为珊瑚自身结构带有孔隙的原因，这些有刺激的液体容易渗入珊瑚内部，从而引起颜色、折射率的变化。

2.红珊瑚不适合太阳暴晒，也不能进行高温烘烤；这会让它失去自己的水润，甚至会产生褪色、光泽变淡。

3.红珊瑚是有生命的有机宝石，硬度虽高，但依旧要对它轻拿轻放，并单独给它一个存放空间，这对珊瑚手串的保护会更加有利。

4.红珊瑚长期佩戴有可能会变白，这是因为人体汗渍中的酸性成分与珊瑚产生了化学反应。所以每天用清水为手串进行清洗很重要，如果晚上摘下之后，能用软布蘸清水擦拭干净，再放置就更理想了。

红珊瑚一般不需要盘玩，正常佩戴即可。

砗磲：佛教七宝之首

砗磲是一种大型海产双壳物种，贝壳直径可达1.8米，通常与大型贝类、甲藻类共生。它的壳颜色白皙，质地坚硬，可作为上好的有机宝石。在佛教中，砗磲有着佛教七宝之首的尊贵地位，不但可驱邪避凶，更有着稳定情绪、排除杂念的功能，同时，砗磲的药用价值也很高，所以，一直被人们视为有灵性的宝石。

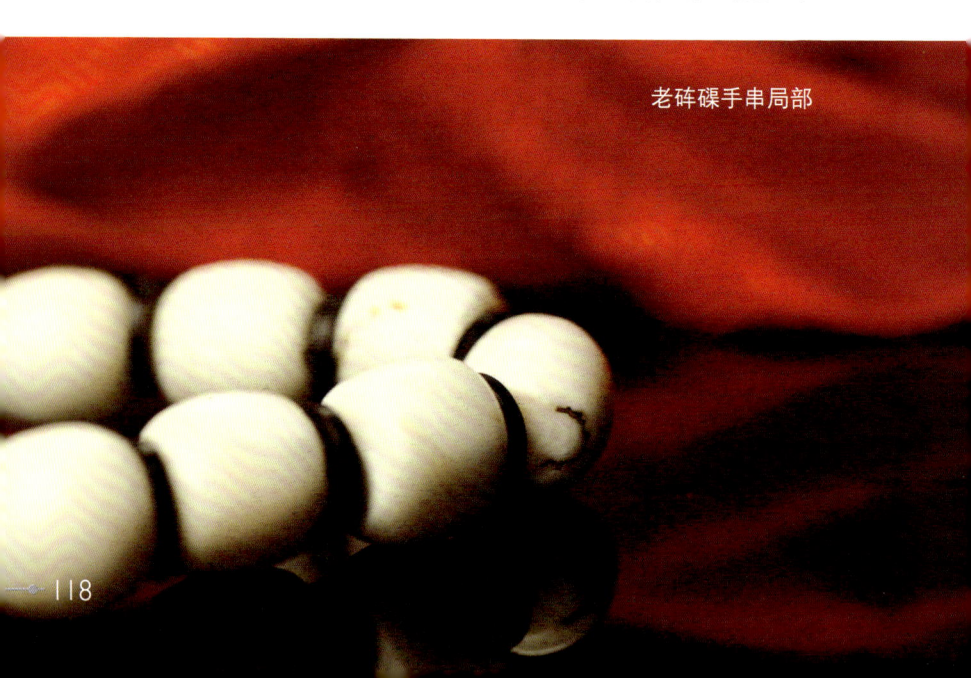

老砗磲手串局部

老砗磲手串

◎ 砗磲的鉴别

砗磲数量稀少，价格珍贵，想要拥有砗磲宝石，有效的鉴别知识不可少。通常可以根据以下几个方面进行鉴定，方法简单，容易掌握。

颜色

天然砗磲多为白色，也会有牙白色以及棕黄色，但表面光泽度有如珍珠，光洁莹润。而假冒的砗磲有所不同，会呈现呆板、不自然的白色，光泽也透着凌厉之感。看砗磲颜色的时候，可以透过它的生长纹理来观察，真的砗磲不只纹理细，而且纹理中也有光泽，全体微透明。假的砗磲则通体发白，光泽不匀。

重量

砗磲的密度为$2.7g/cm^3$，摩氏硬度为$2.5\sim3.0$，偶尔也有硬度达到4的。用手掂重时，可以多掂几种材质，或者多串不同等级砗磲手串进行对比，手感舒适，轻重又不过于极端的，才是天然砗磲，太轻或者太重则可能不是天然砗磲。

裂纹

砗磲外壳有一道道的放射状沟槽，有如古代的车辙，而老砗磲则因为年份的关系，会在沟槽上出现裂纹。鉴别砗磲时可以看裂纹的长短、方向、粗细；通常在放大镜下，天然的砗磲裂纹无规则，长短没有规律，粗细不同，但在纹边有淡黄色（需要用放大镜来观看）。

质地

砗磲的真假通过质地的鉴别可以看出来，因为自然生长的砗磲有着自然的层状结构，一般，其单层结构厚度在0.5～1.5毫米左右，极易分辨。鉴别砗磲时可用放大镜观看砗磲质地组成，如果看不到明显的层状结构，那就是假的砗磲。

砗磲108子串珠

◎ 砗磲手串的选购

比较优质的A级砗磲珠应该是颜色洁白，表面有光泽同时带有晕彩，生长纹很明显。另外，除了白色还有一种带有金色条纹的，被业内称为金丝砗磲，这种级别只会比A级更高一些。它可以是牙白色，也可以是白与棕黄的相间色，只是里面带有的金色条纹闪闪发光，其外表就如同车轮与沟渠形成的图案，有时也有一种太极图案的形状。

通常，白色的砗磲多被列入B级范围，这种比较常见，质量一般，有些许透明，但纹理性不明显。选购手串时就可以级别来定价，而不是听商家漫天要价，其价格排序应该是老砗磲、金丝砗磲、A级砗磲、B级砗磲。

砗磲手串、搭配南红、青金石

金丝砗磲手串

最后，如果对于自己要购买的砗磲手串在颜色、质地上感觉分辨困难，不妨将它放在阳光下，透过阳光观看，其构造矿物以文石为主，与珍珠一样具有特别的层状构造，外壳光洁明亮，在阳光下观察砗磲珠，天然的砗磲珠会出现一圈七彩虹光，而用矿石、珍珠粉冒充的则没有这种可能。

◎ 保养与盘玩

砗磲作为一种贝类珠宝，无须特别盘玩，日常佩戴即可。砗磲在保存上有一定的期限性，对它进行有效的保养不仅可以使它功效加强，也能延长其制品的寿命。其基本保养方法如下：

1.砗磲的硬度不高，害怕与硬物碰撞，在收藏时应该装在有垫子的盒里，减少因为碰撞而带来的伤害；而且当从事体力劳动或者是特殊运动时，应该将砗磲手串摘下来，规避碰撞的风险。

2.砗磲结构具有层状性、汗渍、化学试剂等成分都会破坏它的结构，所以平时佩戴一定要注意清理汗渍，不与香水、酒精等有刺激有化学成分的液体进行接触。

3.必要的清洗非常重要，通常每天佩戴之后，在晚上应该用清水对砗磲进行清洗，如果出汗较多，可以用软布轻轻摩擦，以帮助手串外表更加干净。清理干净之后，放置自然晾干就可以。

青金石：帝王蓝瑰宝

青金石最早由丝绸之路进入中国，它颜色深蓝，表面有金星，不但颜色端庄，其养生功效也很强大。在古籍的记载中，青金石更被称为帝王之石，书中说："以其色青，此以达升天之路故用之。"因此，古代的皇帝在死去之后，都要用青金石陪葬。由此，青金石奠定了它皇家御用的尊贵身份，从而领跑各大有色宝石。

带配饰108子
青金石念珠

◎ 青金石的鉴别

鉴别青金石不能单纯以蓝色来定论，因为现在市场上各种不同的蓝色石头都有可能成为冒充青金石的源头。所以鉴别时还要掌握以下几个原则：

包体

天然的青金石都有黄铁矿体，但分布不是很均匀，颗粒大小也不一样，所以天然青金石所呈现的包体也没有一定的规则性，而且黄铁颗粒的边缘都没有固定界限，非常自然地掺杂于青金石内。

青金石108子串珠

透明度

通常来说，青金石是不透明的，但在强光的照射下，天然青金石可以出现近似于透明的质地，同时呈现蓝色光晕；相比那些合成的青金石，这就是一个显著的区别特征。

白点

天然青金石不但有黄铁包体，还有白色方解石。在青金石的表面及内里，都可见大小、规则不一的白点。有时与白点同时存在的还有墨绿色透辉石，这是合成青金石所达不到的内质多变特点。

染色

合成青金石都以染色来达到天然青金石的庄重色感,所以观察青金石时,可以通过裂隙来看它的颜色是不是有外深内浅,或者颗粒聚集的现象;另外也可以用酒精来进行擦拭,如果掉色就是染色的青金石,而非天然质地。

仿冒

有些石头与青金石相似,比如蓝铜矿、蓝方石等,不少商家就用这些石头来进行仿冒。但蓝铜矿的硬度比青金石要低,而且质地偏脆,需要经过专业的鉴定才可以判断出来。而蓝方石硬度虽然与青金石相似,但在紫外灯下会发出橙红色的荧光,青金石则会散发白色荧光,两者之间完全不同。

青金石手串

◎ 青金石手串的选购

青金石虽贵重，但价格因品质而定，如果达不到细腻、坚韧又无杂质的特点，其价格上还是会大打折扣的。所以，在选购青金石手串时，应该从以下几个方面细细观察，从而买到物有所值的高品质手串。

颜色是首要条件

青金石越蓝，就说明它所含的矿物含量越多，所以品质才更纯粹。通常颜色最好的为颜色纯正、浓艳的蓝色调，而且一定要蓝得均匀；反之，蓝色调不足，杂质多，斑点多则影响品质，价格也就低很多。

带金星不一定不好

所有选购青金石的消费者几乎都有一个认知，那就是一定要挑"少金无白"的青金石，这固然不错，但却相对难以实现，这缘自青金石形成的特性所限。可换个角度来看，如果青金石的金星虽多但分布得均匀，光泽又相对高，蓝色也纯正，那倒是难得的不错品级的青金石了，没有必要抓住金星过多的弱点不放。

白点不要成片

青金石虽然不可避免地都会有白点，但如果成片成片的，那就要大大降低其品质等级了。在选购的时候，可挑选相对白点小、分布少的，成片白的不但美观度不足，也没有什么升值的空间，不买为妙。

裂纹影响品质

青金石一般裂纹不多，在选择的时候只要回避这一点就好了，不然不但会影响观感，也会影响价值。如果大颗的珠子带有微小的裂纹，尚可将就，如果小珠子也含有裂纹，不管裂纹大小、都要降低等级；不论是自己佩戴还是收藏，意义都不大。

◎ 保养与盘玩

对青金石进行保养可以让它的金星更亮，蓝色更浓，同时也更加艳丽有腔调。在保养过程中，可遵照以下几个方面进行，极为方便。

每日清洗

青金石虽然是石头，但并不喜水，在清洗的时候不可以直接用水冲洗以及浸泡；否则青金石外表的污渍极有可能会随着它粒状的孔隙渗透入内，从而影响青金石应有的光泽。正确的清洗方法应该是每天佩戴之后，在晚间摘下，用软布蘸清水，然后拧到不滴水后，轻轻擦去手串表面的汗渍、灰尘，再自然晾干即可。

不可暴晒

青金石不适合经常在太阳下暴晒，这会让它结构中的矿物组成发生质地的改变，从而产生裂纹或者改变光泽。同时，极低的温度对于青金石也不利，应该尽量回避忽高忽低的温度。

不与酸碱性物质相接触

青金石中含有金星闪闪的黄铁矿物,如果遇到某些化工制品就会产生一定的反应,从而导致它的光泽度受到影响,所以不应该直接与香水、化妆品等物质接触。同时,有酸碱性质的物体也不要与青金石接触,这会引起青金石矿物受到氧化、腐蚀等问题。

带配饰108子青金石念珠

水晶：大地万物的精华

水晶是石英结晶体，为稀有矿物。它不但含有各种对人体有益的微量元素，还会因为不同的结晶体产生不同的颜色变化，从而展现它晶莹剔透又颜色多变的性质。可以这样说，水晶凝聚日月之灵气，从而汇聚大地万物之精华于一身的独到恩宠，才最终成就了其自身纯净、色彩斑斓的特质。

白水晶配紫水晶手串

绿幽灵手串

◎ 水晶的鉴别

鉴别水晶方法非常多，主要还是看各人对哪个方法掌握得更加深入。通常情况下，我们可以学习几个不同的方法，如果在鉴别过程中，大多数方面都符合水晶本质，那么可信度就高得多了。

看质地

水晶的特性就在于晶莹、剔透，越是天然的水晶，晶莹感越足；但是，真正的天然水晶亮而不透，或者说不是完全的通透。拿起一颗水晶对着太阳进行观察，可以在水晶内看到细小的横纹，或者是如同云朵般的絮状，那才是天然形成的包裹体。假水晶则因为要提亮、要通透，所以无法做出纹理和絮状物。

摸温度

哪怕是三伏天，水晶依旧会保持它冰冰的手感，鉴别时可以直接用手，或者是皮肤的敏感部位来接触水晶，看会不会产生凉爽的感受，如果它贴在皮肤上很快就变热，则要怀疑水晶的品质了。

清·老水晶手串

观影像

对于圆形的水晶球来说，它的影像是有双折射性的，这时你只要取一根头发放在水晶珠上，就可以看到头发变为双影状态；如果是假的水晶，则不会出现双影。这种鉴别有一点不足，就是它只可以区分水晶真假，但不能分辨天然与养晶之间的不同。

放大镜

放大镜是检测真假的有效手段，在十倍放大镜下观看水晶，如果能看到水晶上出现气泡，则说明是假水晶，真正的水晶是经得住考验的，通体没有气泡。

试硬度

水晶晶莹剔透，但硬度却很高，摩氏硬度可达7，特别是天然的水晶。用普通钢锉在水晶珠上划一下，如果出现划痕，则可以证明这是假水晶了。

◎ 水晶手串的选购

水晶好不好不是单纯以颜色为标准的，在选购水晶手串时，除了颜色的要求之外，在净度上要求应该更高一些。当然还包括其他方面的问题，接下来就一起看一下。

净度

水晶按照不同的净度被分成不同的级别，其中等级最高的应该是AA级，它没有瑕疵，里外通透；如果稍有小瑕疵，则被称为A级，要稍低一个档次；再就是有的带云雾状，有的有裂痕，甚至是裂痕、云雾等情况同时出现在一块水晶上其档次就一级比一级低档。以此类推，水晶被分为AA、A、AB、B、C、D六个级别。选择水晶手串时，就要看手串的等级证书，再与自己所见的实物进行鉴别，看它实际符合哪一等级，消费者在自己心里就可以对价格给出正确的区间定位了。

颜色

水晶颜色多样，选购时应区别对待。通常不带灰色、黑色、褐色的水晶为高等级别水晶，全体无色的又要比略带茶色的等级高，价格贵。不同的粉色、紫色类水晶，如果颜色鲜艳，净度又高，价格上也会上升一个等级。只不过纯天然的绿色水晶极少见，如果遇到净度高、绿得又翠的水晶，则要当心是人工合成品。

紫水晶手串

多色发晶手串

草莓水晶手串

杂质

不是所有带杂质的水晶都是假的，比如有内包物的水晶，这种假不容易做不说，伪造的成本也太高，不值得造假。同时，行家也认为，天然水晶没有百分百的完美度，因此在选购时有些瑕疵是可以接受的。比如有的水晶内会有冰裂纹，或者是棉絮状的物质，这并不是作假，而是天然水晶在形成过程中留下的痕迹。这只能降低水晶的级别，但不会影响它天然的性质。

◎ 保养与盘玩

水晶的保养其实很简单，它不怕水，清洗起来非常方便。不过，有几个生活小细节应该引起注意，不然倒有可能伤了水晶的品质。

1.水晶是适合长期佩戴的首饰，不管是手串还是项链，每天戴在身上，对身体健康有好处。只是，每天清洗也很重要，油渍、汗渍、灰尘会让水晶失去应有的光泽，每天佩戴之后用清水洗净，然后用软布擦干，是很好的保养习惯。

2.水晶不但要回避化学物质的刺激，在游泳、泡温泉，甚至是做家务的时候，都最好摘下来。这不但会让水晶的磨损度减少，还能保持它的质地和光泽。

3.收藏水晶的时候，大小合适、带有垫子与丝布封闭的盒子最适合存放水晶。平时如果想要拿出来把玩，不妨戴上棉质手套，以防留下汗渍、污渍在水晶表面。

水晶手串不适宜盘玩，日常佩戴即可。

粉色水晶（芙蓉石）手链

白水晶手串

含红色、黄色、绿色毛发状包体的水晶手串，也称福、禄、寿。

朱砂：辟邪圣品

朱砂，又名辰砂、丹砂、赤丹、汞沙，是硫化汞的天然矿石，属三方晶系，颜色为大红色，有着金属的光泽，质地也非常坚硬。它不仅可以入药，在道家眼里大红色最能驱邪，还用八卦中的离卦专门来象征红色，因此朱砂多被重用。在我国的川、黔、湘、渝境内，朱砂更是不可取代的镇惊、辟邪、提升地气的圣品，人们将它视为珠宝一般挂在身上。如今，随着资源的日渐枯竭，出产朱砂石的矿区越来越少，爱好者们则将其视为"软红宝石"，争相收藏。

朱砂手串

朱砂手串

◎ 朱砂的鉴别

鉴别朱砂一般没有太直接的方法，就算是重量、颜色等也只是相对而已。比较专业的鉴别通常可以从两个方面进行，一个是化学检验法，一个则为质地检验。

原矿鉴别法

准备一块铝片，然后取少许朱砂粉末，直接涂在铝片上，等待一分钟的时间，铝片上如果可以长出白毛来，就说明这是真正的朱砂；如果铝片没有反应，那就是假的了。这个方法是利用了朱砂内含的汞与铝发生化学反应，非常简单。同时，也可以将朱砂粉末放进密闭的试管中，管壁就会变成黑色，这是硫化汞的作用；但在对试管加热后，则可看到有银色金属汞球出现。这可以说明，它是真正的朱砂而非其他。

原矿检验法

这个方法就是从朱砂的质地性质进行鉴别的，真正的朱砂应该为块状或者颗粒集结体，有颗粒感或呈片状，其颜色鲜红，有时会带有条痕红色以及暗红色，但不会掺杂其他颜色，并具备光泽性。朱砂性质偏脆，容易碎，摔碎的粉末中都会有闪闪的光芒，但没有味道。将碎末放进水里，混合后水会变红，但不会沾于物体底部，也不会有残留渣底。最简单的方法可以用一根木棒将一块朱砂碾碎，压开的朱砂应该为全红色，如果有白、黑或者其他颜色出现，就说明是假的朱砂了。

现代高纯度朱砂工艺品的鉴别

现在市场上常见的朱砂制品基本为朱砂原矿提取的原矿粉压制而成，优质朱砂纯度可达90%～95%。目测颜色为大红色，无明显光泽。假的朱砂制品为增加其质量，不良商家会添加铅粉、石粉，制成的朱砂颜色呈灰色，伴有黑色，颜色发飘、发亮。鉴别时可用火烧法，真正的朱砂用火烧后颜色发黑，擦拭去掉黑色层后朱砂表面仍为大红色，颜色不改变。另外，朱砂手串在串制时，孔道处会有朱砂粉末，这也是鉴别真朱砂手串的方法之一。

朱砂108子手串

◎ 朱砂手串的选购

在选购朱砂手串时显然不能用敲碎或者碾压的方法进行鉴别,这就要求消费者对朱砂的性质以及颜色多加了解,从而在众多的朱砂手串中,找到相对完美的一串。

颜色

朱砂是以大红为特征的,但新打磨出来的手串却并不会红到艳透,这是因为新产出的生矿会存在颜色的深浅不一。所以,在选购朱砂手串时,应该以猪肝红的颜色作为对朱砂手串的颜色观察标准,太艳丽的颜色则要小心。市场上常见的朱砂是高纯度原矿粉压制而成的,颜色为大红色,经过两个月左右的把玩朱砂手串就会呈滴血色。仿制原矿朱砂是采用矿渣高温"返汞"制成的,表面有清晰的纹路,且纹理清晰整齐。这种仿制朱砂对身体有害,应避免购买。同时,新手串不会过分闪亮,只有在把玩一段时间之后,才会从内向外透出艳红如血的光泽来,在遇到闪亮发光的朱砂手串时,自己在心里就应该打个问号才对。

朱砂手串

重量

朱砂石比重偏重,应该比铁还要高一些,为8.0~8.2之间。所以在选购朱砂手串的时候,重量很关键。一颗直径2.0厘米的朱砂串珠,朱砂含量在85%左右,约重16克。所以,一串11颗的直径2.0毫米串成的手串重量应该在176克左右。如果分量太轻,则说明朱砂含量不高，但如果超高，则有可能为假朱砂。

艺术性

想要上手快，颜色变化快，素珠的朱砂手串要优于带雕刻的朱砂手串。工艺少的素珠、平安扣、素牌子，色彩搭配协调，把玩时变色均一，颜色更协调。

◎ 保养与盘玩

朱砂手串越是盘玩颜色才会越艳，越有光泽。所以，有收藏价值的朱砂手串肯定要保养与盘玩同步进行，这样才能实现它品相、质地以及功效的三者合一。保养方法相对简单，做到以下几点就可以了。

尽量减少与化学制品的接触

虽然说朱砂并不怕清水，但经常戴着朱砂手串泡澡，接触洗涤剂等化学制品不利于朱砂的色泽，影响把玩效果，无法保持艳红如血的品相。

避免重击与磕碰

朱砂原矿石性质脆弱，撞击与磕碰都有可能让它碎裂；平时不戴的时候，最好放在有柔软垫子的盒内，以保证它不受到撞击。朱砂工艺品不要与硬物产生物理性碰撞即可。

及时清洗汗渍

经常出汗会让朱砂手串的颜色受到影响，因此，每天佩戴之后，晚上应该用清水蘸湿棉布或者用软毛刷子蘸取清水，轻轻清理掉沾在手串上的汗渍。

除了要用心保养朱砂手串之外，平时的盘玩也需要特别用心，到位的盘玩能让朱砂手串尽早展现滴血红的色泽，而且光亮度也会

同时提升。我们以新手串的盘玩为例,基本盘玩方法如下:

取一块稍有粗质感的布,或者直接用搓澡巾,在新手串上进行细细的打磨,打磨的过程不能急,力气不要过大,一般一天半小时以上,连续打磨7天时间;这时可以看到手串的生涩感慢慢退去,而且光亮也柔和起来。然后洗净双手,直接用指腹对每颗串珠进行揉捻,捻的时候要注意用力均匀,连同珠孔也一起捻到。每天捻揉1小时左右,连续3天时间,便可以放在一边,让其静置1天。接着再继续捻揉7天,然后静置3天。如此捻几天放一放,基本两个月便可以看到手串的艳丽红透质地了。应该说,盘玩得越久,颜色就越好,这是一个漫长的过程,心急不得。

朱砂手串日常直接上手把玩即可,原矿石朱砂在把玩发乌时只要用干净棉质手套搓一下即可继续盘玩。

不同规格的朱砂手串

天珠：天神流落人间的宝珠

天珠最早起源于藏民族对于灵石的崇拜，属沉积岩的一种，含有玛瑙成分，又带有黏土固结而成的薄页片状岩石，所以它被分为贝壳化石以及天然玛瑙两种材料。颜色上基本以黑、白、绿、红以及咖啡等几种颜色为主。藏民族认为天珠象征着高贵、富足，是神仙专门佩戴的装饰物，只是在珠子有所损坏后，神仙就会把它们当作生物化石抛向人间。

料器天珠手串

◎ 天珠的鉴别

收藏和佩戴的天珠大致可分为三类：至纯天珠、台湾天珠和料器天珠。

至纯天珠

此类天珠的制作工艺为镶蚀工艺，据藏民同胞口述传承得知早在三四千年前便已有。这种工艺在唐以后便已失传。天珠普遍被藏民认知为文成公主进藏后出现的，距今也有1300多年。

至纯天珠的鼎盛年代为唐代，其材质到底是什么，至今无人能说清。笔者个人理解为一种类似玛瑙的非玛瑙材质。

近几年，在各大拍卖会上，来自雪域高原的神秘天珠格外引人注目，早在2009年，在北京中嘉国际的一场拍卖会上，一件"三棱护法天珠"以5000万元的天价创下国内拍卖纪录有史以来的最高价，令人咂舌。

唐·至纯四眼天珠皮壳细节和孔道

台湾天珠

由于至纯天珠的珍贵性,所以自古以来古人就一直在仿制。台湾仿制的天珠最为类似至纯天珠,也可以说台湾天珠应该是目前仿珠里最好的天珠。

此类天珠材质为玛瑙材质,年代为19世纪后期,目前市场价格也基本上在小四位至大五位。

台湾天珠

天珠手串

料器天珠

第三类天珠就是市面存世量最大的"料器天珠",料器天珠为19世纪初期的仿至纯天珠的产物。此类天珠比老琉璃天珠的质感和包浆更接近至纯天珠,因此同样比较珍贵。

料器天珠非琉璃、非玛瑙。材质为寺庙内定制成分,有松香、藏药、骨粉和五金等护身材料混合,分量十足,包浆温润。

料器天珠手串

◎ 天珠手串的选购

至纯天珠和台湾天珠作为天珠收藏的高端品，很多藏友不能轻易接触到。这里笔者就介绍一下比较亲民的料器天珠手串的选购技巧。

料器天珠可以分为三个等级，先来介绍一下料器天珠里的精品。

一等品级

特点：黑白分明，线条清晰，皮壳包浆油润，质地紧凑不稀松，风化孔隙几乎没有。是市面上不可多见的稀有种类。

清·精品虎牙料器天珠（一等品级）

二等品级

特点：黑白分明，孔道完整且两边透有牙黄，线条清晰，皮壳包浆油润，质地紧凑不稀松，风化孔隙同样几乎没有，需要从上百上千颗当中挑选出来。

二等品级（上排）和三等品级（下排）的天珠

三等品级

三等品级料器天珠市面存世量很大。特点：黑白不够分明、孔道磨损较大、线条模糊、皮壳表面干涩、质地稀松、风化孔隙比较多。这类天珠多数用于寺院供奉或镶嵌使用，所以包浆不够油润。而且长期放置皮壳上的风化孔很多，加上长年风沙洗礼呈现出很多小黑点。

◎ 保养与盘玩

保养天珠除了细致的呵护，在心理上也要保持一定的虔诚度，因为天珠可以赋予人们自我内心的强大精神力量。所以，平时天珠摘下来后一定要进行细致的擦拭，然后用棉布包起来，放在干净、有软垫的盒中。

如果天珠手串沾染了油渍、灰尘等脏物，则要用湿润的棉布进行擦拭，不需要直接泡在水中。

另外，天珠怕碰撞、怕汗渍、也怕各类香水、化妆品，平时摆放、佩戴天珠时，一定要远离这些物品。

老琉璃：中国五大名器之一

琉璃是中国古法材料，最早只被皇室专用，普通百姓不得随便拥有。因此，琉璃身份贵重，被誉为中国五大名器之一。随着时代的改变，老琉璃表现出源远流长的收藏价值，特别是老琉璃珠子，成为手串爱好者的心头好。只不过，老琉璃数量有限，因而市场行情已经出现老琉璃价格不断飙高的趋势，可谓购买、收藏正当时。

蓝琉璃手串

◎ 琉璃的鉴别

对于古人来说，老琉璃是有生命的，所以对它进行鉴别可以从它的呼吸气泡上来看，只有带有光泽，又具有均匀气泡的才是真正的老琉璃。除此之外，也别忘了关注以下几个方面：

声

老琉璃虽然类似于玻璃，但它又不同于玻璃，将两颗老琉璃珠进行对碰，可以听到金玉之音，这是琉璃所特有的，脆而不轻，响而不噪。如果声音有尖锐感，或者是沉重声，则说明不是真正的老琉璃。

清·琉璃手串

琉璃手串

形

上好的琉璃珠，不但圆润而且形状很大，中间孔标准，这是经过了几十道工序，一点一点打磨出来的老琉璃珠，容不得半点瑕疵，因此它的外形非常完美。如果大小不匀，圆度不整的，则说明品质不好，或者是假冒品。

色

老琉璃的表面不但光彩熠熠，而且能照到外面的影像，不管什么颜色，都艳而明亮；与此同时，色泽的过渡极为匀称。如果表面有黯淡光泽，或者颜色过渡不匀的情况，不是品质低就是假品。

光

用普通灯光对老琉璃珠进行照射，品质上好的琉璃不论哪个角度都可以产生观赏效果，它通透、明亮、成色靓丽；反之则为品质低下或者假品。

◎ 琉璃手串的选购

有人认为琉璃与玻璃无异，所以只要光亮、透明就好。如果真的这样选购琉璃手串，很有可能会买到假品。就算有幸买到了真的，其品质也不会太高。一般来说，只有符合以下几个方面的

基础入门篇

琉璃珠，才能称为品相完美的琉璃手串。

首先，选购琉璃手串时，除了要看它的透澈度，还要看它的欣赏效果，毕竟，一串手串戴在手上是以观赏为最直接价值的。所以好的琉璃手串必定能呈现出立体的视觉效果，不同角度的薄厚与色彩都要有不同的美感。

其次，琉璃手串珠极为考验手工，如果工艺方面产生变化因素，琉璃珠子就无法达到立体、完美的状态。所以良好的手工是对琉璃手串的基本要求，一串真正的纯手工琉璃手串珠应该颗颗不同，它们每一颗都是独一无二的。

另外，选购手串时，可以将手串举起来，放在光线强的地方，看它所产生的气泡是不是生动而且有灵气，只有那些仿佛带有会呼吸的气泡的琉璃珠，才是品质优良的代表，反之则差。

最后，琉璃珠的通透虽然很亮但要有一定的层次感，光洁度要有所差异，不能一律为纯亮状态，否则会让手串失去动感的生命之美。所以选购手串的时候，不要一味求亮求光，而是要看琉璃珠的流动性与生命感，能带给人意境之美的手串珠才是上等品质的琉璃珠。

多宝古法琉璃

◎ 保养与盘玩

琉璃虽然在外观上与玻璃类似,但二者在质地上却完全不同,在保养的时候,要根据它的质地进行合适的养护。

1.琉璃质硬,但性质比较脆,所以不能受到硬物的撞击,或者是摔在地面上。平时一定要单独放置琉璃手串,减少它与其他首饰的对碰。

2.温差度不能太大,忽冷忽热的温度变化对于琉璃最不好,否则容易因为强烈的温度变化而产生裂纹。

3.不要直接放在桌子上,要知道琉璃光滑、容易滚动,特别是拆开清洗的琉璃珠,一定要在清洗后放在盒子或者软垫上,如果滚到地面,可能就要报废了。

古法琉璃手串

蓝琉璃手串

4.避免与强酸性的物质和有腐蚀性的气体接触，比如氯气、磺气等，不然，琉璃珠容易被腐蚀，品质也同时发生改变。

5.平时用清水清洗就可以，但不适合用直接从水管中放出来的自来水，这是因为水中有含氯的离子，有腐蚀性。一般可以将自来水静置10个小时再使用，才能洗得干净。

盘玩琉璃手串也是直接用手来进行把玩的，只不过，在盘之前，应该用纯棉或者真丝的布料，对琉璃珠进行细致打磨，擦磨一小时之后，再用手直接盘玩，每天盘玩半小时，然后放进密封的盒子里，于第二天再次拿出来盘玩。通常情况下，盘玩七个星期，要进行七个星期的密封放置，这样盘出来的琉璃外皮才会更通透、亮丽，颜色也更加鲜艳。对于已经盘出来的手串，也要经常用细丝布进行擦拭，如此可以保持手串的光洁如新。

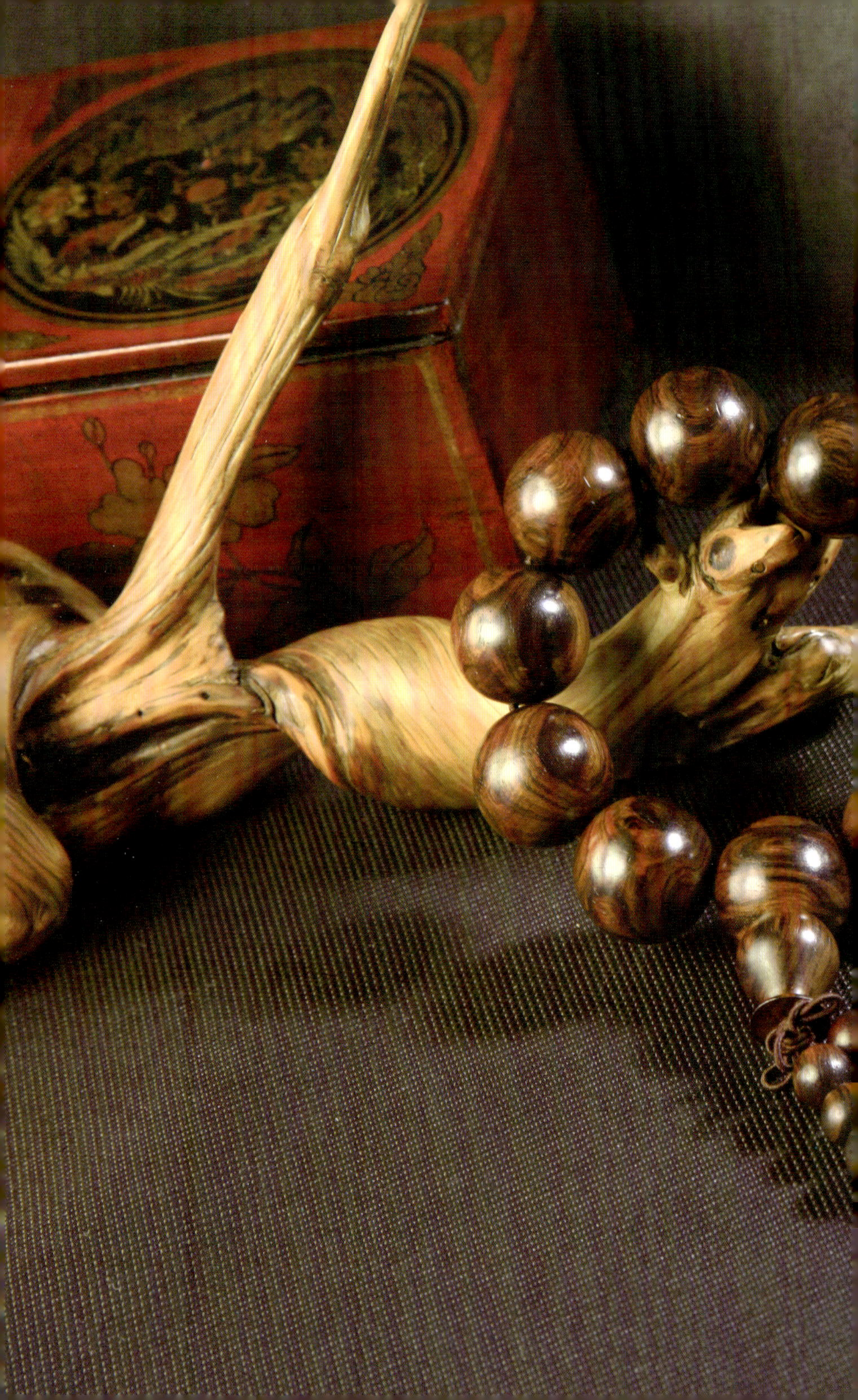

淘宝实战篇

手串的投资、购买要点

在充分了解了一部分市场流行手串的材质、鉴别、选购方法之后，不少人会开始蠢蠢欲动，想要去淘属于自己的那一串手串了。可是在进入淘宝实战之前，大家还应该耐住性子，要将下面的一些问题了解全面。这些问题看起来稀松平常，却会直接影响你投资的方向以及淘宝的"战绩"，手串淘的好不好，价格花的冤不冤都在这里。

手串的价值评价

随着手串市场的火暴，诸多的问题开始展现在我们的眼前，为什么手串会这么受欢迎，一串串小珠子究竟有什么魅力使得人们趋之若鹜……其实，这一个又一个的问题都直接指向一个现实，那就是手串的价值。

手串似乎有着它独特的发展轨迹，最初它一直被标榜为皇家贵族的把玩之物，再就是佛家诵经的辅物，这为它奠定了不凡的出身。随着时代发展，手串一度丢失不凡的身价，以装饰为主要功能，服务一部分人群。但近些年来，人们的生活水平提高，精神层面有所提升，于是手串很快找到了自己的"骄傲"，变成了现在人们争相抢购的物件。这时，手串不仅有着装饰的价值，更不可回避它养生修心、慰藉情感的功能性。这无疑是手串很大的一个价值指向，而且这时的手串材质绝不是简单的塑料、玻璃之类。玉石、木质、种子等材质，才是人们对于手串的要求。

当然，除了功能作用之外，手串自身的价格也很快成为人们关注的投资热点，这就是不同手串材质的变化。曾经一串品质上等的阿卡珊瑚串珠，也不过几百块钱，而经过了短短几年时间之后，它们的身价便以十倍甚至几十倍上升，不仅如此，几乎还到了有价无市的地步。像这样的情况很多，比如金丝楠木、沉香、南红等，大凡数量有限，矿藏不足的手串材质，都因为资源的不足而在价值上得到了数倍价格的上涨。所谓物以稀为贵，这才是手串因材质而显现的价值性。

其实，总结起来很简单，手串的价值上升有一部分是人们生活水平的提高，还有一部分是对于手串材质收藏性的要求。只有像翡翠、和田玉、黄花梨、沉香一类越来越少的、把玩空间大的、功效寓意又相对好的，才是最有潜力的手串选择，这当中包括了玉石类及其他类。至于那些只是用来装饰美丽，展现个性的普通手串，其价值基本会停步不前，甚至贬值下滑。

手串日趋火暴，很多人出行会佩戴不同材质的手串

手串的市场行情

手串受到追捧,价格不断上涨,其市场行情也自然一路顺风顺水。就目前的市场行情来看,主要受欢迎的还在于材质上的选择。木质类成为不衰的流行主题,而玉石类在经历了大浪淘沙之后,又有不同的新贵加入,可以说手串市场一片大热。

其中,海南黄花梨、老沉香、小叶紫檀等材质制成的手串价格一直居高不下,有调查显示,一串真正的沉香手串,已经在短短3年时间里,身价上升了近百倍。人们说沉香寸木寸金,就是以这个市场行情来进行定价的。但就算如此,想要找一串品质、工

待价而沽的星月菩提手串

艺都到位的好沉香手串也非常难。资源的匮乏已经注定这些逐渐减少的木头们成为当今消费的奢侈品，也正因为如此，市场上不断有假冒伪劣的木质手串涌现，让收藏者损失惨重。

玉石类的手串行情也在上升，特别是几近绝矿的老南红，或者是被限制采摘的顶级红珊瑚等。它们与上等木质类手串一样越来越少，价格自然也越来越高。而且投资者中不乏收藏发烧友，对于那些有故事、有着悠久历史的老件更加青睐。所以玉石类的手串又多以老件、珍品、稀有品行情最为看好。

手串家族近几年新贵不少，菩提子就是其中之一。不过，在众新贵之中，蜜蜡似乎宠眷最浓，就目前的行情来看，市场上的琥珀材质手串及其他饰品已经大有与羊脂玉、翡翠平分天下，鼎足而立的趋势。一串两年前只卖价几千块的蜜蜡手串，如今的价格已经突破了两万元大关。可见，在未来几年的时间，这千年琥珀万年蜜蜡还会继续火下去。

市场上琳琅满目的手串

手串的淘宝地

选购手串在很多人心里就是一个淘的过程,没有人知道哪次可能会上当,也没有人知道哪天就可以遇到被遗漏于市间的珍品。不过,淘宝总要有一块特别的"战场",而目前淘手串的去处比较多,我们不妨对人们普遍关注的几个购买渠道进行利弊分析。

文玩市场:不论什么时候,文玩市场似乎都是人们捡漏拾遗的最佳选择场所。虽然这种地方从来都是鱼龙混杂,也从来打眼的比捡漏的多,可还是改变不了人们对它的向往。文玩市场自有它的好处,世界上的好手串只有你想不到的,没有文玩市场看不到的,转一转就有可能看到你所不认识的、之前没见过的珍稀货。但这里的商家更"专业",卖者更"明白",所以文玩市场只能是个长知识、练眼力的地方,却不是新人淘宝的好去处。

专卖店:这似乎是最适合懒人的去处,有些人会说自己完全不懂,也不想去学什么知识,那么直接到专卖店,在导购小姐的介绍下舒舒服服购物就是。真假可以得到保证,只是品质上还是那句话:一分钱一分货。想要在专卖店买到超值,那是很难的。

市场上各式菩提手串

拍卖会：拍卖会是收藏发烧友的天地，虽然起步比较高，但品质比较有保证；当然，前提是有资质的正规拍卖公司。价格上要比市场相对高一些，但也不乏捡到漏儿的案例。在拍卖会买好手串，一是经济能力，二是运气，如果两样都占上，就天时地利了。

典当行：典当行也是现在人们淘宝的一个新地标，不过现在很多不正规的典当行会与商家合作，将一些品质不怎么样的手串当成绝当品来卖，价格上虽然比专卖店要低一些，但品质就很一般了。只能说在这里选购时心理感受不错，而且购物环境也好。

分析这些淘宝集结地，主要还是想提醒大家：好品质好价格，捡漏不容易；同时，一定的专业知识绝不可少，不然，行走收藏投资"江湖"，危险还是很大的。

手串的选购秘诀

在第一章,我们分别讲了不同材料手串的选购方法,不过市场上各种材料的手串太多,不可能一一都讲到,但综合手串的收藏、投资、佩戴三个重要条件,有几条秘诀还是可以拿来分享的。

◎ 材质永远是主题之一

不管你要买什么样的手串,都应该关注到手串材质上的真假,一真一假之间,差距悬殊;对普通人来说或许只是几百块钱的小损失;可对于收藏者,财力、精神双方面的损失却极大、很有可能成为遗憾一生的恨事。

◎ 升值空间很重要

我们佩戴手串几乎都希望它的价格有上升空间,因为这意味着自己所戴物品的价值性。所以,选购手串应该注重它的升值潜力,这一点很重要。

◎ 大小不能忽略

手串虽然都是不同颗数的珠子组成,但珠大珠小价格两异,这就是重量的说法。而且我们知道,珠子越大的手串,未来升值空间就越大,因为这是手串对材料的要求,不能被随意忽略掉。

◎ 工艺决定品质

手串好不好除了看它的材质真假,品质高低,重量多少,再就是要看它的工艺制作。一位名家出品的手串,不管是现在还是未来都比普通机器车出来的价格高;包括做工精细的总比粗糙成形的要有品质。

◎ 味道是个人标识

不同材质的手串有着不同的味道,选购手串时,味道一定要纯,不能经过后天的加工与优化,这才能彰显好手串的底蕴。

老星月菩提手串

手串的收藏误区

收藏手串,我们不一定在乎它的入手价,但唯以真假品为永远不变的定理。如果你每天戴着一串假手串或者劣质手串,还在高喊着升值、收藏,就要贻笑大方了。因此,在这里总结几个手串收藏的误区,希望可以帮到准备进行手串收藏的人。

◎ 跟风行为要不得

有些人总是眼热最火的手串,他并不分析市场、不看材质,只是认为卖得越火的收藏空间肯定越好。但从收藏这个行当的特点来说,永远是稀有物品、顶级珍品以及老物件才最有收藏与升值性。在你想要收藏手串的时候,不妨看看你所买的手串是什么材质,它有什么突出的优点,它有什么与众不同之处,千万不要跟风而动,不分青红皂白地就去入手,然后等待升值。

◎ 高投入高回报

一部分不专业的收藏者总有这样的心理：买的时候价格越高，越说明是好东西，未来的回报也就越高。但事实不是这样，收藏市场也有流行风，当一种材质流行时，它的价格就会失去理性而超越原有价值，如果这时你以高价收入，那么未来一旦不走俏了，难免会有投资上的损失。因此，收藏除了货真价实之外，也要看流行风向标；这就如同炒股，不追高才能赚钱。

◎ 谨慎对待收藏

市场上受欢迎的手串并不是每一条都有收藏价值，这不是说它货不真，或者品质不好。从收藏的长远性来看，有些材质保持年数受限，比如珍珠、珊瑚等。如果你收藏的手串是一条老珊瑚手串，而年头明显超过了珊瑚的保持期限，那么再用几十年去收藏、期待升值，似乎就有失理智了。所以收藏时一定要关注它的"保质期"，懂得它的品质特性才行。

◎ 不要总抱捡漏心理

想要收藏手串，最好的方法就是从正规的渠道，以专业的知识进行辨别、入手；而不是用碰巧、捡漏甚至是占便宜的心态去对待它。未来的手串市场虽然前景看好，但大家都是明眼人，抱有侥幸心理很难占到便宜，稍有不慎还有可能带来钱物的损失，这就失去收藏投资的意义了。

已经开片的星月菩提串珠

手串的投资

就目前的手串行情来看，愿意对它进行投资的人不在少数。但是专家认为：对于普通的民众来说，买个手串把玩还是不错的，修身养性又兼具养生功效，但真的想要指望它赚钱，真的不容易。确实，一串小珠的上等黄花梨手串，要价本就不低，你还指望它日后有什么别的用途吗？从重量，从再利用性等方面来说，它无疑都不具有升值的空间，顶多就是边角料的利用，想要大幅升值何其难。

蟠桃核手串

不过，这当然并不指全部的手串投资人，有些人是天生的生意人，最懂得如何让手串呈现它最高的价值性。在这里，我想告诉你，最有利于投资的手串应该是以下三个类型：

◎ 真品

这是投资的不二法则，所有的价值最终都要表现在货真价实上，所以如果想要投资手串，绝对只能买真品，否则，你的投资最后就是打水漂。

◎ 精品

手串除了要真，还要够好，越是手串中的精品，越是材质中的顶级，它的投资价值才越高。如果只是普普通通的质量，就算是真的也顶多用来戴戴，升值空间有限。

◎ 稀有品

自古就是物以稀为贵，投资更是如此，人无我有，人有我精，这才是投资的上上之选。在投资手串的时候，可以本着特别、稀有、具一定个性的进行挑选，这样才能获得你想要的收益。

凤眼菩提串珠

淘宝实例分享

◎ **案例一**

朱朱是一家公司的小白领,平时对于时尚与流行元素非常敏感。夏天到来时,她突然发现自己新买的裙子如果佩一条手串会更为自己加分,就开始在网络上寻找好看的手串。同事说:"我最看好碧玺手串,它不但能升值,还能调理女性身体,更被称为幸运之石。"朱朱马上心动了,于是便开始做碧玺手串的功课。很快,她就了解了一些碧玺颜色、材质等方面的问题,认为自己对付商家已经绰绰有余了。

下了班,朱朱来到离公司不远的花鸟市场,这里聚集着很多卖各类手串的小店。她随便进去一家,就看到不少碧玺手串在灯光下光芒闪烁,那透明的样子实在漂亮。她问老板:"这些碧玺都是真的吗?"老板倒是很实在,笑着说:"要看价格,便宜的自然有便宜的原因,如果你要真的我就会给你真的,不过价格可就不是几百块了。"朱朱说:"我肯定要真的。"于是老板在桌下拿出一串6.6毫米的珠子,颜色非常好,就是透明度不高。朱朱

碧玺串珠

看了看价格，标着2888元，就说："这又不透明，怎么还这么贵啊？"老板又笑了，说："真正好的碧玺是里面带文字的，我们叫它花纹，这串就是品质带有花纹的手串，所以要贵一些。"说着，老板又拿出一串非常透明的来让她看，并说："这个只要288元。"朱朱把这两个对比了一下，虽然看不出真假，但单凭价格就是假的嘛。于是她最终选择了那串2888元的手串，并和老板砍了价，最终以2580元入手。

可是，同事一看到她的手串，就说："这个品质肯定不好，还不如我那串1600块的呢。"朱朱一头雾水，最后自己去珠宝行做鉴定，才发现是品质不高的SL级碧玺，这类虽然不是最差的，但透光性不足，光线穿不透，其市场价值也就在1千块多点的样子。朱朱和同事感叹说："没有专业知识太坑人了呀。"

其实，倒不是没有专业知识太坑人，而是朱朱太容易轻信人了。对于老板的话她毫不怀疑，并且认为有对比，价格高的才是真的、好的。但事实是，现在很多商家都会利用消费者不懂行的心理，用多串的对比销售方法，刺激消费心理，以达到让人从中必然选择的行为。如果你是第一次选购手串，又不懂行情，不懂真假，不妨选几家有品质保证的珠宝店进行货比三家再买，这样钱也花在明处，哪怕多花钱也是明明白白的，何乐而不为呢。

彩色碧玺手串
此手串色彩明艳，透明度极佳，明净清新。

◎ 案例二

　　小徐是个孝顺的孩子，知道父亲爱盘各种木质的珠子，就想着在父亲生日的时候送他一串真正的小叶紫檀手串。这些年他在父亲跟前耳濡目染，也算学到了不少鉴别真假的方法；刚好前些天听朋友们说起一家新开不久的串珠店，便趁着有时间过去看看。没想到木珠真多，让他有些眼花缭乱。不过他还算理智，直接站在紫檀木珠跟前，一边和老板问价格，一边仔细鉴别真假。经过一番考证，不论是从颜色、声音、品质各个方面，都可以证实为小叶紫檀不错，就是价格也真高。可老板说这些珠子都是他自己盘了好久的，可以直接上手佩戴了。

　　这让小徐有些为难，他知道父亲的爱好与个性，父亲说过："好的珠子就要亲手盘，让它带有自己的气味。"所以他就问老板："有没有没盘过的珠子，也不要打蜡，我就要原木车出来的。"老板很快拿出十多颗红色的珠子，说："这就是你来的巧，再晚来一天，我也要动手开始盘了。"小徐看看珠子的花纹，感觉要比盘出来的那些差一点，老板却说："珠子越盘越漂

小叶紫檀手串搭配朱砂琉璃

亮,所以人家喜欢买盘好的。"小徐又问:"为什么珠子红得这么艳呢,不是应该有点紫才对吗?"老板便说:"这是刚车出来的,真正的原色,如果打磨过就一样了,它会出油,会变暗,这都是紫檀的正常现象。"

小徐思量再三,还是买下了一串小叶紫檀手串。但回到家之后,父亲一掂分量就皱起了眉头:"打眼了。"小徐说:"不可能,你看这花纹,再听这声音,这点知识我还是有的。"父亲二话不说,直接接来一杯水,取颗珠子扔下去,只见珠子直直地沉底。小徐刚想裂开嘴笑,可是珠子又慢慢浮起来了。这下小徐傻了,真正的小叶紫檀密度极高,会入水即沉的,这会浮的珠子当然就是假冒品了。父亲告诉小徐:"这花纹你要看好,它又直又粗,香味也非常淡,虽然与小叶紫檀很像,但密度、重量以及香味、花纹都不能同日而语,如果我没有看错,这应该是血檀木。"小徐站在那里愣愣的说不出话来。

其实,生活中像小徐这样对木质手串一知半解的人很多,如果在选购手串时只是凭着自己的鉴别方法去进行,那么被人李代桃僵的事就很常见了。所以,想要不上当,不受骗,就要耐心、虚心、细心地去加强对各种木质的了解才行。

◎ 案例三

王女士是蜜蜡手串的爱好者,前几天听说珠宝展开幕,便与朋友一起去淘宝了。珠宝展上的蜜蜡手串真多,不过,价格都相对便宜,特别是一家展柜的手串,居然只要300块一串。王女士看看那蜜蜡的品质,又油又亮,细细的,品质非常高。这下她高兴了,一下买了两串,与朋友说:"你快点儿买吧,错过这个村肯定没这个店了,以我买蜜蜡的经验,这是上好的蜜蜡手串呢。"她朋友却半信半疑,问:"听说蜜蜡很贵的,这么便宜能是真的吗？"王女士笑着说："所以叫淘宝呀，要不人家都去珠宝店了，还来这里干什么？"那展柜的店员也说："我们这只是成本价，不赚钱的，当然比你在外面买的要便宜很多。"

朋友最终没买，王女士各种着急，从展会出来就说："我要证明给你看，这是不是真的蜜蜡。"于是她们一起去了专做珠宝鉴定的小姐妹那里，一检验，王女士立刻没话说了，原来这只是人工合成蜜蜡，根本无法与真正天然的蜜蜡相比，而且还存在化学刺激。王女士一生气，直接找去了展方举办单位，经过协调，王女士最终拿到了退回的钱。

虽然说王女士算是有惊无险，但这种事还是她自己的不注意，如果不是贪便宜，心存侥幸，怎么可能买到假的蜜蜡手串呢？应该说，所有抱有想捡漏心理的人都要明白一个道理：贪小便宜吃大亏，这是古人留给我们的忠告，更是收藏投资最要不得的心理。

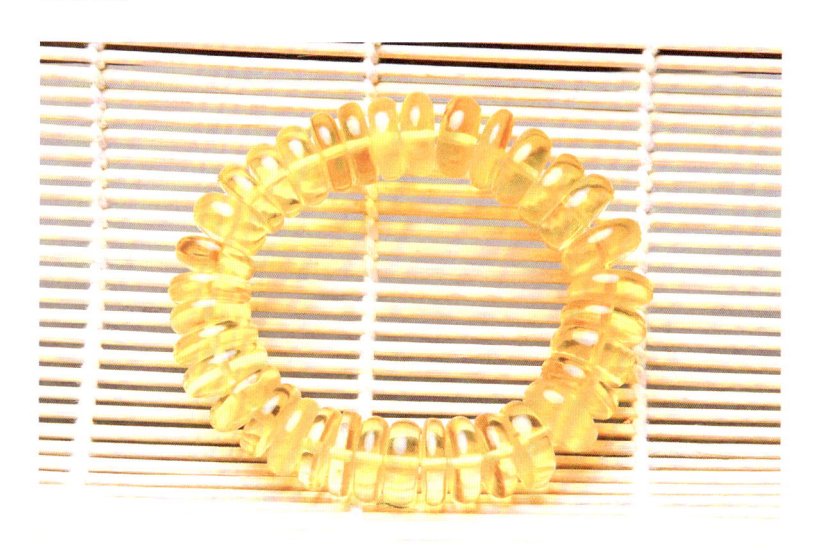

琥珀手串

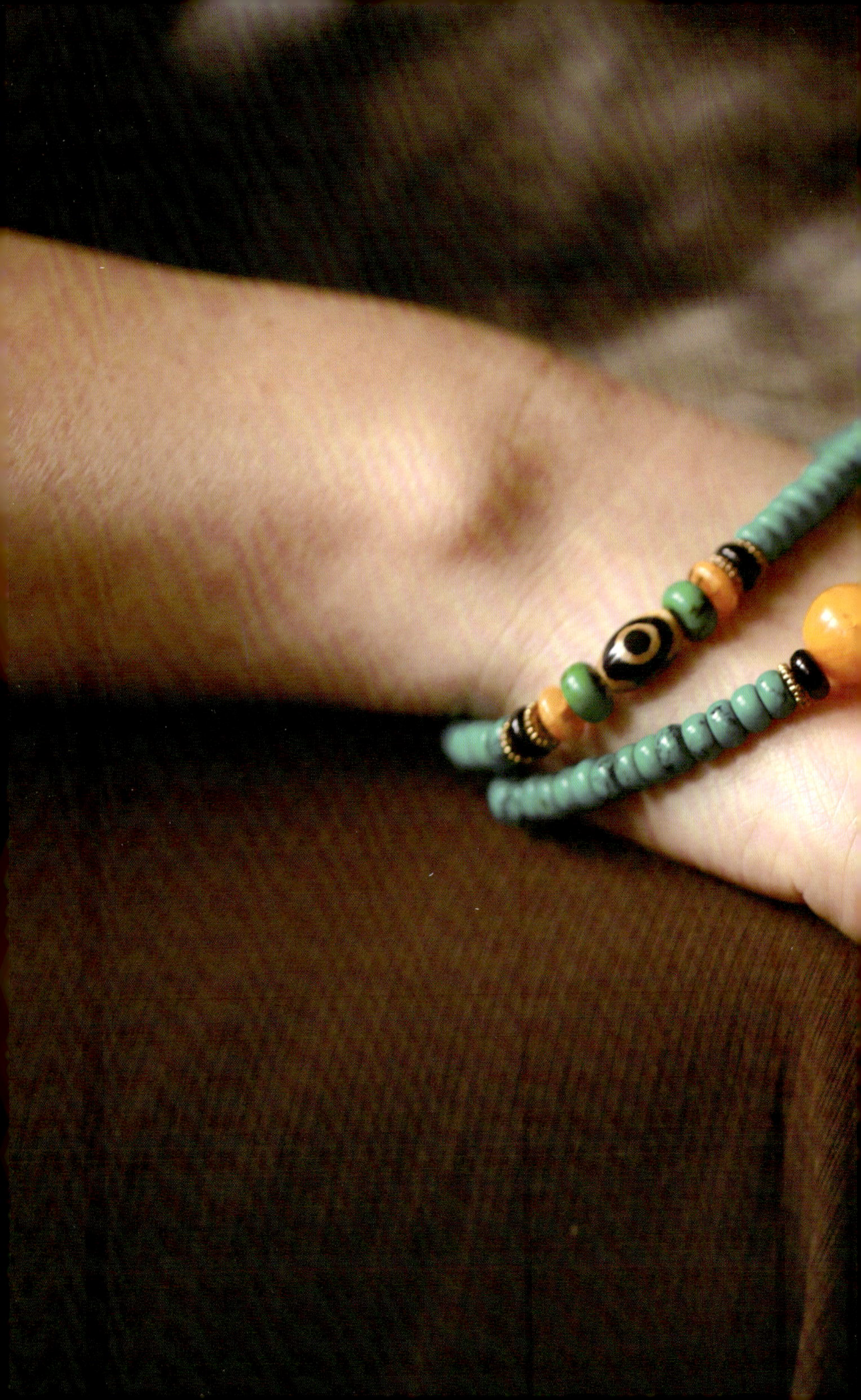

专家答疑篇

解答串友最关心的手串问题

收藏、投资是一门大学问,想要从几句话几个案例中学明白不太容易。因此,针对初入门者的问题,我特别选取几个具有代表性,又颇能反映现实的问题,一一进行回答。希望这样可以帮助有困惑的人,同时让正在学习的人从中受到启发。

一、目前市场上最具投资价值的手串有哪些品种？

这是受关注度比较高的一个问题，但市场上手串多样，具有投资价值的也很多，就从材质方面来说，不同材质的手串中都有投资佼佼者。一般来说，木质手串中，黄花梨无疑是最不具争议性的投资佳品。但投资者应该明白，海南黄花梨的品质远远高于越南黄花梨，投资价值自然也就更高一些。除了黄花梨，小叶紫檀也算众望所归，升值空间非常大。另外，沉香也是一个非常有"钱"途的品种，只不过这些品种都价值不菲，投资的话需要经济实力的支撑，投资者应量力而为。

绿幽灵手串
直径10毫米

在玉石类手串中，我个人认为最有投资价值的当数天珠，这是因为它的稀缺性，高品质的天珠越来越少，而且不可再生，其价格也就居高不下了。但比较亲民的碧玺手串也不乏精品，如果能买到高品质、好等级的碧玺手串，其升值空间也很可观。另外、珊瑚、南红类手串，以资源少而身价倍增，在未来则会继续保持高贵的身价走向。

至于种子类的，当然以菩提子为首了，但不是所有的菩提子都有投资价值。一般来说，莲花菩提、金刚菩提投资价值更高一些。当然，凡事都没有绝对，尤其收藏界向来物以稀为贵，如果你有幸入手品质、品相、工艺等方面都极佳的手串，就算一般材质也有极好的未来。

金刚菩提盘玩（左）和未盘玩（右）的对比图

二、菩提手串不同颗数代表什么意义?

就目前的手串市场而言,菩提手串可谓一个大家族,种类多达数十种。但在佩戴的时候,不同颗数有着不同的意义,大家可以根据自己的需求来进行佩戴,才更能怡心养性。

通常,菩提手串按照颗数基本可分为1080颗、108颗、54颗、42颗、36颗、27颗、21颗、18颗、14颗。

1080颗:佛家认为迷与悟的世界可分为十个种类,即十界,而1080颗则代表十界的108种烦恼,从而合成1080种烦恼。

108颗:这是佛家常用之数,表示求证百八三昧,断除108种烦恼,从而求得静心。

盘玩后的金刚菩提108子手串

54颗：这是菩萨修行中要经历的位次，总共54位，分别为十信、十行、十回向、十地、十住以及四善根。

42颗：为十住、十行、十回向、十地加等觉与妙觉，计42位。

36颗：无确切的含义，可视为108三等份分，有以小见大的含义。

27颗：为小乘修行四向果的27贤位。

21颗：十地、十波罗蜜、佛果的21个位次。

18颗：佛称18子，即六根、六识、六尘。

14颗：指观音菩萨与众生共同悲仰，以令众生获得功德。

桃核手串

莲花菩提配天珠手串

三、黄花梨手串需要上蜡吗？

很多佩戴黄花梨手串的人总有疑问，认为黄花梨如果打上蜡是不是会更漂亮。但事实上，黄花梨的色泽是盘玩、包浆的结果，和上不上蜡关系不大。但黄花梨要不要上蜡却与你居住的地域有关，比如你住在比较干燥的北方，那珠子就会因为过分干燥而产生裂纹。这时如果能给它上点儿蜡，就能很好地防止珠子水分流失而干裂，还能增强油性；但如果你生活在南方城市，上不上蜡就没多大关系了。

另外，一般上蜡的新黄花梨手串盘玩起来会更不容易出浆，反而要将手串上的蜡层去掉，才能让盘玩更加有手感。但盘玩是一个漫长的过程，需要耐心与细心，有些人因为做不到如此，便直接打蜡保持光泽了。

海南黄花梨手串

四、手串珠所雕刻的寓意有什么说法？

很多的手串上常有雕出的各种图案，如果你将它单纯看成是为了漂亮，起装饰作用的可就错了。因为不同的雕刻都有不同的说法，下面就比较主流的几种雕刻，我们讲一下它的寓意，以方便大家佩戴。

八卦、阴阳鱼图案象征道家文化。

以观音、菩萨、弥勒佛等图案为主的则为佛家文化。

流行的财运亨通、年年有余、金蟾献瑞等图案为生意人文化。

步步高、硕果累累、鹏程万里、马上封侯等图案是上学者的仕途之意。

梅花、佛手、鸡冠花、水仙花、葫芦等为福禄寿禧象征。

多子多福、望子成龙等图案则含寄托之意。

龙凤呈祥、双龙戏珠等则为爱情的祝福。

和田玉雕并蒂莲花手串

五、不同天珠的功用有什么不同？

天珠作为珍贵的手串，含义最多，特别是它在藏民族有着天神信物的叫法，所具有的内涵就更加丰富了，选择戴哪一种图案的天珠，就代表了不同的心声。

一眼天珠：鸿图大展；两眼天珠：夫妻和睦；三眼天珠：财源广进；四眼天珠：威显四方；五眼天珠：路路亨通；六眼天珠：解脱厄运；七眼天珠：大吉大利；八眼天珠：调理不顺；九眼天珠：声名显赫；十眼天珠：人生得意；十一眼天珠：聚集福慧；十二眼天珠：有求必应；十三眼天珠：身安心静，十五眼天珠：成就所愿。

同时，天珠更有观音、日月、天地、龙眼等不同图案，其意义也不同，但多为吉祥寓意。在选购时，不妨问问商家，天珠的卖家多为信徒，对此比较了解。

料器天珠手串

六、木质手串到底先看重量还是先看颜色？

很多初入门的手串玩家，对于木质手串的衡量标准总是从重量与颜色上入手，有人甚至为此发生分歧，认为先看重量才是正确的选购方法。于是木质手串重量与颜色就分成了不同的两派，但我想说，按照正常的选购顺序，这两个方面都只是选购标准之一。

为什么这样说，重量不过是关注的木质密度，一般密度越大的，手串越沉。但是，有很多商家会抓住人们的这种心理，而将串珠做得稍大，如此重量上也就出来了，其他的瑕疵则很可能被重视分量的人所忽略。其次，木质又有新老之分，新料的水量足，重量自然要比老料重，可是新料、老料哪个更好，大家都心知肚明，如果完全通过重量来衡量手串的好坏显然有失公允。

小叶紫檀手串

相比看重量，颜色倒是很多行家的选择，因为不同木质的不同颜色，通常好坏一眼就能看出来。但这对于木质的了解有着很大的要求，如果是新手，那肯定有难度，比如小叶紫檀，在刚车出来的时候通常会表现为橘红色或者橘黄色，不必把玩，只要稍加氧化，颜色就会变深了。如果都按颜色来选购的话，新手恐怕就要不能确定手串的品质了。

因此，重量与颜色不是单一的选购标准，不能视其为手串的品质保证。通常木质手串的选购还是从重量、颜色、质地、油性以及密度等方面进行综合的衡量，才能让你选到真正的好木质手串。

小叶紫檀108子手串

七、手串到底戴左手还是戴右手？

一直以来，人们有一个约定俗成的习惯，那就是男左女右说，这是因为古代男女以阴阳论为根据的结果。但是，到了戴手串的时候，人们又开始纠结了，有的认为手串也应该是男左女右的佩戴方式，而有的则认为这没有科学道理，那么手串到底应该戴在哪只手上才对呢？

其实，就手串本身来说，它没有太多说法，左手右手完全凭自己的习惯。但是，如果你是佛家信徒，手串是被视为佛珠的，那自然是时时戴在左手以安心神，念珠才持于右手，方便诵佛。因此，戴左手戴右手应该看自己的身份而定。不过，有时我们可以从手串的功效上来进行取舍，比如左手是与心脏相近的渠道，如果手串戴在这个手上，就可以通过手串的养生功效，起到平和情绪、稳定烦躁的效果，经常戴在左手还能舒缓压力，为心情进行提升。而右手又有所不同，那就是从精神寄托角度来讲的，右手能驾驭平衡，从而可以起到逢凶化吉、化险为夷的功效。

如此，手串到底戴在哪只手上，也就似乎有了定义，你想要让自己的手串发挥什么样的效果，自然也就可以选择哪只手佩戴了。

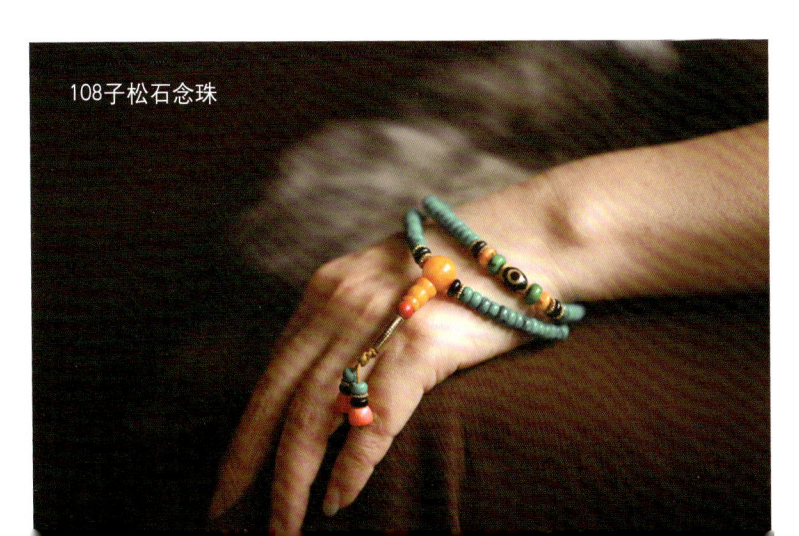

108子松石念珠

八、手串的养生功效有哪些？

手串的养生功效其实一直是大家比较关注的问题，毕竟，手串投资与佩戴之间，后者才更重要一些。所以，它的养生功效究竟如何也就要成为热点问题了。但我们很清楚，手串多样，不同的手串，其功效都有所不同。我在这里只能以手串大致的类别来告诉你它的大致功效。

果核（实）类手串：这类以菩提子、椰壳、橄榄核等为主，其主要功效就在于避祸驱邪，这虽然是人们心理上的一种精神寄托，但从佛家的信仰角度来说，这些果核的材质本身就带着一定的信念功能。特别是菩提类手串，《佛说较量数珠功德经》中就说：若菩提子为数珠者，或用掐念，或但手持，数诵一遍，其福无量。因此，果核类的手串还被人们赋予了多福、多子之意。

和田玉手串　　　　　　　　　和田玉勒子手串

原矿绿松石108子串珠

　　玉石类手串：品种多，包括和田玉、水晶、绿松石、青金石、碧玺、玛瑙等。当然，不同的石头也有不同的药用价值，比如珊瑚能调理生理问题、玛瑙可消除压力等。但以中国的传统文化标准，玉石类手串就象征着吉祥，因此其功效中的重要一条就是带来幸运。

　　木质类手串：木质类虽然很多，但我们基本是以小叶紫檀、沉香、黄花梨等比较名贵品种为代表的。这些木头不只是在香味上有特点，更能直接给人身体上的刺激。一般来说，木质的手串多有稳定情绪、舒缓心情的功效；特别是在调理睡眠方面，木质手串明显排于第一位，其次才是玉石类。

九、木质手串香味都一样吗？

木质手串一直是以香味为首要辨别条件的，但有人反映，好像各种木质都有香味，不知怎么分辨。其实这是对木质手串的不了解，木质不同，香味肯定不同，基本我们可以这样排列。

沉香：这是众香之王，因此它的香味可分为浓、淡两类。所谓浓，是沉香燃烧时的浓烈香味；而不点燃的沉香就只能是浅淡的味道了，比如沉香手串，它香味虽淡却经年不散，这是它的重要特点。

清·沉香手串

海南黄花梨手串

金丝楠木：虽然金丝楠木与沉香的外观差距非常大，但香味几乎可以很相似，它们都是一种似有若无的清浅香味，而且也能保持很长时间，只不过比不上沉香持久而已。

黄花梨：我们以海南黄花梨为例，因为它以花纹而著称，但香味也很独到，因此又有降香之称。其香味中带有一丝清苦味，或者说辛辣味，明显区别于其他木质。只不过，时间长了味道会慢慢散去。

小叶紫檀：小叶紫檀的气味很浅，一般在对它进行摩擦的时候可以有微弱的香味散出来，但不持久。如果用锉刀锉一下，会有很浓的气味，只不过这不是香味，而应该是生木头的原味；如果是人工种植的小叶紫檀则带一点酸味。

《翡翠鉴定与选购从新手到行家》
定价：68.00元

《珍珠鉴定与选购从新手到行家》
定价：68.00元

《手串鉴定与选购从新手到行家》
定价：68.00元

"从新手到行家"系列丛书

（修订版）

《紫砂壶鉴定与选购从新手到行家》
定价：68.00元

《文玩核桃鉴定与选购从新手到行家》
定价：68.00元

《宝石鉴定与选购从新手到行家》
定价：68.00元

《琥珀蜜蜡鉴定与选购从新手到行家》
定价：68.00元

《和田玉鉴定与选购从新手到行家》
定价：68.00元

内容简介

手串在各类收藏品当中身份佼佼，无论是时尚人士还是普通老百姓都在把玩和佩戴手串。本书介绍了星月菩提、金刚菩提、翡翠、和田玉、黄花梨等22种常见手串的材质、鉴定与选购要点，让读者对各类手串有一个总体的了解和深入的认知。此外，本书还介绍了手串的价值评价、市场行情、淘宝地、选购秘诀、收藏误区，这些详细介绍，让读者对手串有了更直观的了解和判断。本书的最后设置了专家答疑，为读者解答鉴定与选购过程中的种种疑难，真正为读者从根本上解决收藏中的问题。

作者简介

王　宇

北京人，中国文玩协会会员、中国民间艺术家协会会员、"北京菩提汇"名誉理事、"众星攻略"协会会长。"北京菩提大王"品牌创始人，从事文玩菩提经营十余年，有着丰富的实战经验，曾多次接受中国青年报、北京电视台、中央电视台等媒体采访。著有《菩提鉴定与选购从新手到行家》。

图书在版编目（CIP）数据

手串鉴定与选购从新手到行家 / 王宇编著.
— 北京：文化发展出版社有限公司，2016.6（2023.3重印）

ISBN 978-7-5142-1315-7

Ⅰ.①手… Ⅱ.①王… Ⅲ.①首饰－鉴赏②首饰－选购 Ⅳ.①TS934.3②F768.7

中国版本图书馆CIP数据核字（2016）第077125号

手串鉴定与选购从新手到行家

编　　著：王　宇
出 版 人：宋　娜
责任编辑：周　蕾
责任校对：岳智勇
责任印制：杨　骏
责任设计：郭　阳
排版设计：辰征•文化

出版发行：文化发展出版社（北京市翠微路2号　邮编：100036）
网　　址：www.wenhuafazhan.com
经　　销：各地新华书店
印　　刷：北京博海升彩色印刷有限公司
开　　本：889mm×1194mm 1/32
字　　数：150千字
印　　张：6
印　　次：2016年7月第1版　2023年3月第5次印刷
定　　价：68.00元
ＩＳＢＮ：978-7-5142-1315-7

◆如发现任何质量问题请与我社发行部联系。发行部电话：010-88275710